FAUNE CONCHYLIOLOGIQUE

MARINE

DU DÉPARTEMENT

DE LA GIRONDE

ET

DES CÔTES DU SUD-OUEST DE LA FRANCE

PAR LE Dr PAUL FISCHER

MEMBRE CORRESPONDANT DE LA SOCIÉTÉ LINNÉENNE DE BORDEAUX

SUPPLÉMENT

(Extrait des ACTES de la Société Linnéenne de Bordeaux, t. XXVII, 1re livraison.)

PARIS

F. SAVY, LIBRAIRE-ÉDITEUR

RUE HAUTEFEUILLE, 24

1869

FAUNE CONCHYLIOLOGIQUE MARINE

DU DÉPARTEMENT DE LA GIRONDE

ET

DES COTES DU SUD-OUEST DE LA FRANCE

SUPPLÉMENT

Par le Dr Paul FISCHER, Membre correspondant.

—

(Mars 1869)

—

(Extrait des ACTES de la Société Linnéenne de Bordeaux, t. XXVII, page 71).

AVANT-PROPOS.

Depuis la publication de la Faune conchyliologique marine de la Gironde, des recherches assidues ont été pratiquées sur le littoral du sud-ouest de la France; aussi, ce supplément renferme-t-il presque autant d'espèces que le Catalogue de 1865.

La Société scientifique d'Arcachon a compris toute l'importance des investigations relatives à l'histoire naturelle de nos côtes. C'est, grâce à son initiative, qu'une magnifique collection locale a pu être recueillie en grande partie par mon ami M. A. Lafont, qui vient récemment de publier une liste très-étendue des animaux marins du bassin d'Arcachon (1). Les draguages des bateaux de pêche, qui vont jeter leurs chaluts en dehors du bassin et à des distances assez considérables, nous ont fait connaître des espèces fort rares dont la présence n'était pas même soupçonnée.

D'un autre côté, M. de Folin, commandant du port de Bayonne, a réuni une collection très-précieuse de sondages et de draguages du golfe de Gascogne, depuis le parallèle de Noirmoutiers jusqu'à la côte

---

(1) *Note pour servir à la Faune de la Gironde*, contenant la liste des animaux marins dont la présence a été constatée pendant les années 1867 et 1868, par A. Lafont, (Actes de la Société Linnéenne de Bordeaux, t. XXVI. Septembre 1868.)

d'Espagne. Ces sondages ont été pris au large par des profondeurs de 15 à 80 brasses; ils m'ont offert un grand nombre d'espèces intéressantes et nouvelles pour notre Faune (1).

Je me suis décidé à comprendre sous les mêmes numéros d'ordre les mollusques des départements de la Vendée, de la Charente-Inférieure, des Landes et des Basses-Pyrénées, qu'on n'a pas trouvés jusqu'à présent dans la Gironde. Cet ouvrage deviendra ainsi un véritable Catalogue conchyliologique du sud-ouest de la France (2). Dans ce but, j'ai vérifié à La Rochelle quelques espèces qui me paraissaient douteuses; j'ai trouvé là un modèle de Musée départemental, le Musée Fleuriau, où sont déposées toutes les richesses zoologiques et paléontologiques de la Charente-Inférieure.

Les mollusques nus n'étaient pas compris à dessein dans mon premier Catalogue; je ne les avais pas alors étudiés suffisamment; mais cette lacune a été comblée, et, d'après le nombre des espèces que nous connaissons, on peut prévoir combien cette partie recevra d'additions importantes dans l'avenir (3).

CHAPITRE Ier.

LITTORAL DU SUD-OUEST DE LA FRANCE.

Les courants jouent un certain rôle dans la distribution géographique des mollusques; or, on signale dans le golfe de Gascogne deux courants qu'il est important de connaître et sur lesquels je donnerai les détails suivants :

---

(1) Fischer : *Résultats zoologiques des draguages exécutés dans le golfe de Gascogne.* (Comptes-rendus de l'Institut, t. LVII, p. 1004. 1868.)

(2) Les principaux documents sur les Faunes conchyliologiques du Sud-Ouest non cités dans mon Catalogue sont : *Recherches topographiques, statistiques et historiques sur l'île de Noirmoutiers*, par F. Piet et J. Piet. 1863. — *Faune vivante du département de la Charente-Inférieure*, par E. Beltrémieux, 1er Supplément. 1868. — *Faune malacologique marine de l'ouest de la France*, par Taslé père. 1868.

(3) Les Nudibranches du Sud-Ouest sont décrits dans les publications suivantes : *Mémoire sur des espèces et des genres nouveaux de l'ordre des Nudibranches, observés sur les côtes de la France*, par A. d'Orbigny. (Magasin de zoologie. 1834.) — *Catalogue des Nudibranches et Céphalopodes des côtes océaniques de la France*, par P. Fischer. Journal de conchyl., t. XV, p. 5, 1867. — Supplément, Journal de conchyl., t. XVII, p. 5. 1869.

Le courant littoral, depuis Saint-Sébastien jusqu'à Brest, longe la côte en allant au Nord; il s'étend jusqu'à plus de 30 milles au large entre Bayonne et la Gironde. Sa vitesse, avec des vents de S. de S.-E. et d'E., atteint 3 milles à l'heure; avec des vents de N. et de N.-O., il devient étale, renverse quelquefois si la brise est très-fraîche et dure longtemps, mais le renversement est toujours très-faible.

Ce courant doit porter le nom de Rennel, qui l'avait indiqué comme s'étendant de la côte d'Espagne à la Gironde; on a pu vérifier, par un millier d'observations, que sa vitesse ne diminuait pas jusqu'au Penmarch (Finistère).

Plus au large, sur une ligne qui partirait du milieu de la Manche pour aller à 50 lieues environ en dehors du Cap Finistère (Espagne), un autre courant se dirige vers le S.-O., en formant, avec le premier, un immense tourbillon; on y rencontre presque toujours des débris de navires, auxquels la mer, en brisant, donne l'aspect de rochers.

A terre, c'est-à-dire, le long de la côte, le phénomène se complique du jeu des marées et de l'effet propre des lames qui, se transformant de lames de fond en brisants, développent l'impulsion qu'elles ont empruntée au vent.

Depuis l'embouchure de l'Adour jusqu'au phare d'Hourtins, la lame, sous l'influence des vents généraux qui soufflent de l'O.-N.-O au N.-O., chasse au Sud, en produisant un mince courant qui entraîne le sable dans cette direction.

Du phare d'Hourtins à la Pointe de la Négade, le courant de flot qui porte au Nord, contrebalance l'effet produit par le vent; enfin, de la Pointe de la Négade à la Pointe-de-Grave, le courant général porte au Nord. La Pointe-de-Grave est, comme on s'en est assuré, refoulée vers la Gironde (1).

En résumé, il existe sur nos côtes : 1° un courant S.-N. qui nous apporte des espèces des Faunes espagnole et lusitanienne; c'est le courant de Rennel; 2° un mince contre-courant littoral qui dévie les cours d'eaux des Landes du N. au S., et poussé les sables dans cette direction; 3° un grand courant du golfe dirigé en sens contraire du Rennel, et qui peut jeter sur le rivage des espèces des mers d'Angleterre.

---

(1) H. Caudéran. — *Note sur une formation d'eau douce, dans la falaise sableuse du rivage océanique au Vieux-Soulac* (Gironde). Actes de la Société Linnéenne de Bordeaux, t. XXV, p. 464. 1865.

Ces circonstances nous expliquent les mélanges de Faunes observés sur les côtes de l'Océan en dehors du bassin d'Arcachon.

Ainsi, au poste de douane de la Garonne, on a ramassé sur la plage les espèces suivantes : *Fusus antiquus, gracilis, Jeffreysianus, Berniciensis, Mangelia Trevelyana, Cyprina Islandica,* etc., formes boréales, et *Fusus contrarius, Turbo rugosus, Solarium conulus, Cassis saburon, Cassidaria thyrrena, Ranella gigantea, Purpura hœmastoma,* etc., formes lusitaniennes, dont plusieurs cependant sont prises vivantes au large.

J'ai indiqué brièvement l'existence d'une large terrasse sous-marine le long du littoral du S.-O. Elle s'incline en pente douce vers l'Ouest; sa profondeur est, à sa partie moyenne, de 45 à 60 brasses, et à sa limite O., de 90 à 100 brasses; puis, sa pente devient très-rapide et elle dépasse 200 brasses (1).

Vis-à-vis de Noirmoutiers, elle se termine entre 7° et 8° long. O.; vis-à-vis de la Pointe N. de l'île d'Oléron, entre 6° et 7°; vis-à-vis de l'embouchure de la Gironde, entre 7° et 5°; vis-à-vis du bassin d'Arcachon, entre 5° et 4°; puis elle se rapproche sensiblement de Biarritz et des côtes d'Espagne (2).

Tous nos draguages ont été faits à des profondeurs de 5 à 80 brasses; nous ne connaissons donc pas les grands fonds. Dans la fosse du Cap Breton (231 brasses), très-rapprochée du rivage, on a recueilli des Polypiers (*Desmophyllum, Dendrophyllia*), mais pas de mollusques; et cependant on doit trouver sur ces Polypiers des Brachiopodes et toute la Faune des grandes profondeurs.

Mais, à part la fosse du Cap Breton, les grands fonds sont trop éloignés des côtes pour qu'on ait pu les explorer. Ainsi s'explique la pauvreté apparente du Sud-Ouest en espèces draguées abondamment dans les mers des îles britanniques, des côtes d'Espagne et dans la Méditerranée.

Sur la terrasse se trouvent quelques agglomérations de mollusques. La plus intéressante est le grand banc d'Avicules, qu'on rencontre à

---

(1) La brasse française représente 1 mètre 6.

(2) Voir sur cette question : Carte particulière des sondes d'atterrage des côtes occidentales de France, depuis l'île d'Yeu jusqu'à l'embouchure de la Bidassoa et des côtes septentrionales d'Espagne, faites en 1828 et 1829, par M. Le Saulnier de Vauhello. 1831. — Dépôt général de la Marine.

4 lieues au large environ de l'entrée du bassin d'Arcachon, par des profondeurs de 40 à 60 brasses; ce banc se prolonge au Sud jusque vis-à-vis le feu de Mimizan (Landes); au N., il existe encore sur le parallèle de Hourtins (Gironde); sa longueur dépasserait donc 25 lieues; sa largeur est évaluée à une lieue. Il n'est pas parfaitement continu, et, çà et là, on y remarque des interruptions. Des pêcheurs de La Rochelle prétendent qu'on peut le suivre plus au N. jusqu'au plateau sous-marin de Rochebonne, par le travers de l'île de Ré.

Beaucoup de poissons s'approchent du banc d'Avicules; aussi les pêcheurs au chalut y jettent-ils leurs filets aussi près que possible; mais il est arrivé maintes fois qu'ils ont dû les abandonner, par suite de leur surcharge de ce mollusque, ou qu'ils en ont rempli leurs bateaux.

La formation de bancs étendus est un fait spécial aux mollusques byssifères (*Mytilus*, *Meleagrina*, *Dreissena*, etc.); la force du byssus des Avicules explique leurs adhérences réciproques et la cohésion de leurs colonies.

CHAPITRE II.

OSTRÉICULTURE DANS LE DÉPARTEMENT DE LA GIRONDE.

Il est intéressant de suivre les progrès des parcs (1) et leur repeuplement; or, les parcs impériaux du bassin d'Arcachon, créés et dirigés par M. Chaumel, lieutenant de vaisseau, semblent promettre à l'industrie huîtrière le plus brillant avenir.

Les trois établissements de l'État sont : 1° *Crastorbe*, au nord-est de l'île aux Oiseaux, 12 hectares de superficie; 2° *Grand-Cès*, en face de Crastorbe, 10 hectares; 3° *La Hillon*, sur un crassat de 3 kilomètres

---

(1) Ajouter à la Bibliographie les ouvrages suivants sur l'ostréiculture : Lafon (P.O.) *Réponse aux assertions du Journal d'Arcachon sur l'ostréiculture*. Bordeaux. 1861. — Lafon : *Situation du bassin d'Arcachon; précautions à prendre pour la conservation de sa belle prospérité huîtrière*. Bordeaux. 1855. — Lafon : *Question huîtrière; moyens à prendre pour le rétablissement de nos pêcheries sur les côtes de France*. Bordeaux. 1864. — Lafon : *Le bassin d'Arcachon; sa prospérité*. Bordeaux. 1864. — Soubeiran : *Rapport sur l'ostréiculture à Arcachon*. (Bull. de la Soc. Imp. d'acclimatation). Paris. 1866. — Hément (F.) : *Visite aux parcs d'Arcachon* (Petit Journal, 29 août.) Paris. 1865. — De La Blanchère : *Culture des plages maritimes*. Paris. 1866. — J. Cloquet : *Du repeuplement des huîtres sur le littoral de l'Océan et de la Méditerranée*. (Bull. Soc. d'acclimat. t. VIII, p. 75.) Paris. 1861.

de long sur 140 mètres de large ; le parc n'a que 4 hectares de superficie.

Quand le parc de Crastorbe a été établi, en 1860, il contenait 400,000
huîtres ; celui de Grand-Cès en renfermait 600,000 ; on en a ajouté un
million, et l'on a réparti 197 collecteurs.

Résultat : on a enlevé sur le parc de Crastorbe (d'avril 1862 à mars
1865), 4.464,890 huîtres, et sur celui du Grand-Cès, dans la même
période, 3,186,212 ; total, 7,651,102 huîtres. Il reste dans les parcs,
14,063,160 huîtres. En ajoutant ce dernier chiffre à celui des huîtres
enlevées, on a le total de la production : 21,714,262 huîtres, qui ont
couvert des parcs où il n'en existait, en 1860, que 200,000.

Le parc de La Hillon a été installé en 1864, sur un terrain qui ne
contenait pas une seule huître vivante. En juin 1864, on a semé 178,000
huîtres-mères ; en février 1865, on en a semé 322,000 ; en tout, 500,000.
Or, en septembre 1865, le recensement du parc donnait 5 millions
185,248 huîtres jeunes de l'année, 500,000 huîtres-mères et 1,000,000
d'huîtres nées en 1864 ; total, 6,685,248 (1).

En 1866, on a vendu les 500,000 huîtres-mères de La Hillon, et il
restait de 5 à 6,000,000 d'huîtres (2).

Dans la saison de 1865-66, l'exportation totale du bassin a été de
7,000,000 d'huîtres, au prix moyen de 40 francs le millier ; soit 280,000
francs, chiffre notablement inférieur à celui de la vente dans les années
précédentes (3).

En résumé, les parcs du gouvernement ont prospéré ; les établissements particuliers, au contraire, ont souffert. Les propriétaires de
parcs se plaignent de l'insuffisance de la reproduction durant ces dernières années ; leurs appareils collecteurs ont généralement échoué (4).

De son côté, le Directeur des parcs impériaux attribue les succès qu'il a
obtenus à La Hillon, Crastorbe et Grand-Cès, aux travaux de dévasement ;
l'accumulation des vases et des Zostères est fatale au bout d'un certain
temps et cause la ruine des parcs les plus riches. La question de la
reproduction sur place est jugée à ses yeux ; le naissain ne peut provenir

---

(1) Soubeiran : *Rapport sur l'ostréiculture à Arcachon.* Supr. cit.

(2) Chaumel : Communication verbale.

(3) Communication verbale du commissaire de la Marine à La Teste.

(4) V. Moureau : Renseignements sur les pêches pratiquées dans le quartier mari-
time de La Teste. 1866. (Manuscrit)

des chenaux voisins de ces parcs, puisque le draguage opéré dans le bassin d'Arcachon, en décembre 1865, a donné les résultats suivants : chenaux de Lanton, Certes et Germanan, 28,800 huîtres; chenal d'Eyrac, 12 huîtres; chenal de Teychan, 5 huîtres. Ce petit nombre d'huîtres-mères indigènes n'est pas en rapport avec la reproduction observée sur les parcs (1).

Le dommage causé par les *cormaillots* ou *perceurs* (*Murex erinaceus*), est toujours aussi considérable. Un fait suffira pour démontrer leur prodigieuse multiplication. En une seule marée du mois de mars, douze marins de l'aviso *Le Léger*, employés pendant deux heures, ont recueilli 14,600 cormaillots sur le crassat de La Hillon (4 hectares)!

Les *Murex* se réunissent pour l'accouplement à la fin de mars et au commencement d'avril; c'est à ce moment qu'on doit les détruire; en septembre, les jeunes atteignent le volume d'un grain de blé à un pois. Placés sur des valves d'huîtres garnies de 15 à 20 naissains, ils les percent l'un après l'autre et ne les quittent qu'après avoir achevé le dernier. M. Chaumel avance qu'il leur suffit d'une demi-heure pour percer une huître d'un mois; les adultes passeraient 8 heures pour en perforer une de 3 ans (2); je crois que ce dernier chiffre est un peu exagéré.

Les Crabes vulgaires (*Carcinus mœnas* L.) sont réputés ennemis des huîtres; je ne les ai pas vus quand ils commettent leurs dégâts dans les parcs; mais, d'après ce que M. Lafont et moi avons observé relativement à un autre crustacé brachyure, l'Étrille (*Portunus puber* L.), je pense que les propriétaires de parcs agissent sagement en détruisant les Crabes.

On avait placé dans un compartiment de l'Aquarium d'Arcachon un jeune Crabe *étrille* et une tuile, provenant des collecteurs de La Hillon, chargée d'huîtres de six mois. Chaque jour, le crustacé détachait une huître avec ses pinces, en brisait la coquille et mangeait la chair qu'il disputait à un petit poisson du genre Blennie, non moins amateur d'huîtres. L'Étrille est assez rare, heureusement pour les parqueurs; mais une autre espèce de *Portunus*, le *P. arcuatus* Leach, est très-commune dans le bassin d'Arcachon; des observations ultérieures nous feront savoir si elle est positivement dangereuse.

---

(1) Soubeiran : *Loc. cit.*

(2) Soubeiran : *Loc. cit.*

CHAPITRE III.

OSTRÉICULTURE DANS LE DÉPARTEMENT DE LA CHARENTE-INFÉRIEURE.

L'île de Ré, après avoir possédé pendant longtemps un riche banc d'huîtres devant Saint-Martin, principal centre de population, était épuisée en 1857. Le 5 février 1858, un habitant de Rivedoux, nommé Hyacinthe Bœuf, obtint une concession de 1800 mètres de terrain émergent. Il établit un parc recouvert de branchage et de pierres, afin de rendre le sol moins mobile, et entouré d'un mur de calcaire ou *banche* tiré de la côte. Au mois de juillet, le mur était tapissé de naissain, quoique le parc ne renfermât pas une seule huître. L'ostréiculteur démolit son mur et en étendit les pierres sur le parc même. On comptait environ 15 jeunes huîtres par pied carré. Les mollusques se développèrent très-bien, et le succès de l'habitant de Rivedoux engagea un grand nombre de riverains à solliciter des concessions qui furent accordées (1).

J'ai déjà donné un aperçu de l'état de cette industrie en 1863; elle n'a cessé de progresser. En 1864, on comptait 3,040 parqueurs et 837 clarayeurs, dont les établissements occupent une étendue de 203 hectares.

Les parcs créés en 1858, entre Rivedoux et le fort Laprée (1 kilomètre 1/2 de côtes), ont vendu, en 1860, pour 3,150 francs; en 1861, pour 8,027 francs; en 1862, pour 32,892 francs; en 1863, pour 53,000 francs, non compris la vente de l'automne et la valeur d'un million d'huîtres déposées dans les claires.

L'activité imprimée à l'ostréiculture, dans l'île de Ré, est due principalement à la liberté des concessions de plages maritimes. L'observation du décret du 4 juillet 1853, qui n'accorde de concessions qu'aux marins inscrits, repoussait l'initiative particulière; aussi, l'administration semble-t-elle adopter de nouveaux errements.

Sur le rocher d'Air, près de la Pointe de Chapus, au nord de Marennes, sont établis environ 400 parcs d'huîtres; mais l'envasement menaçait ces plages de stérilité malgré des travaux onéreux. Pour ramener la production, le Ministre de la Marine a fait procéder, en 1866, à la répar-

---

(1) Gillet de Grandmont : *Ostréiculture à l'île de Ré.* (Bull. Soc. Imp. d'acclim.) Avril 1864

(2) Gillet de Grandmont : *Loc. cit.*

tition, par le système de lotissements, des emplacements affectés à
l'élevage des huîtres.

Le jour où cette mesure deviendra générale, le sort de l'ostréiculture
sera définitivement assuré.

CHAPITRE IV.

OSTRÉICULTURE DANS LE DÉPARTEMENT DE LA VENDÉE.

(Ile de Noirmoutiers).

L'île de Noirmoutiers, placée dans la baie de Bourgneuf, a été longtemps très-riche en huîtres indigènes; mais les bancs ont été épuisés
par la cupidité et l'imprévoyance des propriétaires.

L'exploitation des huîtres, à Noirmoutiers, date de 1816; à cette
époque, un négociant nommé Richer, relacha au Port-Louis et se mit
en rapport avec un sieur Joli, armateur; ils sondèrent ensemble quelques bancs d'huîtres, et M. Joli établit un parc à l'extrémité du Fort-
Larron. Cette même année, il exporta plusieurs cargaisons d'huîtres (1).

Les parcs se multiplièrent rapidement; aujourd'hui, les principaux
sont dans la baie de Bourgneuf: les bancs de l'Atelier, du Bois-de-la-
Chaise, Rond, des Courseaux-Verts, de La Goude ou de La Bernerie,
de Dormion, de Riberge, de Morin.

Le prix des huîtres était minime; on ne les payait que 4 à 6 fr. la
barrique (de 2,000 à 2,500 huîtres), suivant leur grosseur; elles étaient
expédiées principalement à Camaret et à La Hogue.

D'août 1816 à mai 1818, quatre-vingt-treize bâtiments français et
anglais ont exporté 25,160 milliers d'huîtres, qui ont coûté de premier
achat 75,800 francs.

L'exploitation des bancs a continué longtemps sans que la production
ait sensiblement baissé. De 1854 à 1860, les huîtrières ont fourni
26,239 barriques, contenant 131,195 milliers d'huîtres, vendues
894,035 francs, ce qui donne, en moyenne et par an, 18,742 milliers
d'huîtres et 127,807 francs, sans compter celles vendues et consom-
mées dans l'île et les localités voisines (2).

---

(1) Recherches topographiques, statistiques et historiques sur l'île de Noirmoutiers, par F. Piet et J. Piet. Nantes, 1863, p. 346 et suiv.

(2) Piet : *Loc. cit.*

En 1860, le prix élevé des huîtres et l'épuisement de Marennes et de La Tremblade engagèrent quelques industriels à demander des concessions pour placer des appareils collecteurs. Des parcs furent créés dans le nord de l'île, à l'Anse du Vieil et à l'Anse de la Claire ; on a établi également des claires où les huîtres verdissent dans des conditions convenables (1).

La plus grande partie des huîtres de Noirmoutiers sont aujourd'hui exportées dans les parcs de la Charente-Inférieure ; les prix ont subi une progression rapide ; en 1862, la barrique se vendait 90 francs ; en 1866, elle a atteint le chiffre inouï de 150 francs, et rien ne fait prévoir la fin de la hausse ; mais on doit craindre que ce haut prix ne soit la cause de la ruine des bancs de Noirmoutiers.

CHAPITRE V.

TENTATIVES D'ACCLIMATATION DE MOLLUSQUES EXOTIQUES DANS LE BASSIN D'ARCACHON (1866 ET 1868.)

Lamarck a décrit sous le nom de *Gryphæa angulata* (Hist. nat. anim. s. vert. 1re édit., t. VI, p. 198 ; — Delessert., Rec. Coq. Lamarck, pl. XX, fig. 3), une huître qui lui avait été communiquée par Hwass et qui lui paraissait être le seul représentant à l'état vivant du genre Gryphée. Le type de Lamarck resta longtemps rarissime, c'est cependant l'huître qui couvre tous les fonds de l'embouchure du Tage.

Elle est très-variable dans sa forme ; à l'état adulte elle porte trois ou quatre gros plis principaux (quelquefois plus) rayonnants, qui lui donnent de la ressemblance avec une espèce fossile de la mollasse (*Ostrea undata* Lamarck). Le talon est allongé, triangulaire, étroit, à canal profond, compris entre deux rebords élevés ; sa direction n'a rien de constant, et les individus à type *gryphée* ou *exogyre* ne sont pas plus communs que ceux à talon droit. L'intérieur des valves est blanc, avec l'impression musculaire violette ou bleue ; à l'extérieur les valves sont blanches avec de larges taches ou rayons d'un bleu violacé.

Les grands exemplaires du Portugal sont allongés et ont des rapports de forme avec l'*Ostrea Virginica* Lamarck.

---

(1) Mémoire sur les établissements huîtriers de M. Denis Guillet, à Noirmoutiers. Juin 1866. (Manuscrit.)

Cette huître est tellement abondante à l'embouchure du Tage, qu'on peut l'obtenir à Lisbonne au prix de 20 à 30 fr. le mètre cube ; mais les frais de transport augmentent sa valeur : on l'achète à Arcachon 20 fr. le mille.

Le 25 décembre 1866 arriva à Arcachon le premier chargement d'huîtres de Lisbonne. Les expéditions continuèrent depuis cette époque, et au 12 septembre 1868, on avait introduit 3,343,000 huîtres, du moins d'après le tableau des entrées que j'ai consulté à la Douane.

Ces huîtres arrivaient en quelque sorte à l'état de monceaux de boue, leur taille moyenne était de 4 à 8 centimètres, mais dans le nombre on trouvait quelques vieilles huîtres, très-allongées.

Elles furent nettoyées avec soin et parquées dans le centre du bassin d'Arcachon. Là, elles ont engraissé, leur coquille s'est rapidement et régulièrement accrue, et il semble que leur forme tende à se modifier. A l'intérieur la coquille s'est épaissie et les chambres à air, qui témoignent d'un accroissement irrégulier, ont disparu. Leur goût, d'abord mauvais, se modifie tous les jours.

L'huître du Portugal possède une qualité précieuse qu'elle doit à la profondeur de sa valve inférieure : elle renferme beaucoup d'eau et la conserve plus longtemps que nos huîtres natives ; aussi supporte-t-elle mieux les voyages en se maintenant vivante et fraîche. Les manipulations ne lui font pas éprouver de dommages. Placée dans de mauvaises conditions, elle a résisté au rude hiver de 1867-68 et n'a pas gelé. Enfin l'épaisseur de ses valves sera peut-être un préservatif contre l'attaque des cormaillots (*Murex erinaceus*).

On a commencé à expédier ces huîtres sur les marchés de Bordeaux et dans quelques villes du Midi de la France. Leur prix, fixé d'abord à 3 fr. 80 centimes le cent en 1867, s'est élevé à 4 fr. et 4 fr. 50 centimes, à Bordeaux.

Si cette exploitation se maintient pendant quelques années, il n'est pas douteux que l'huître du Portugal soit améliorée par son séjour dans les parcs d'Arcachon. Jusqu'à présent on n'est pas sûr qu'elle se soit reproduite sur nos plages, mais elle s'y développe admirablement.

Outre l'*Ostrea angulata,* nos parqueurs ont fait venir d'autres huîtres du Portugal : mais ces dernières appartiennent à l'espèce vulgaire et diffèrent très-peu de l'huître d'Arcachon.

CHAPITRE VI.

ADDITIONS AU CATALOGUE DES MOLLUSQUES MARINS DU SUD-OUEST DE LA FRANCE. (Voir t. XXV, p. 257).

BRACHIOPODA.

Je n'ai pas mentionné de Brachiopodes sur les côtes du sud-ouest de la France ; cependant M. Piet (*Recherches sur l'île de Noirmoutiers*, 2e édit., 1863), annonce que le *Megerlia truncata* Linné vit à Noirmoutiers (Vendée) entre le Cob et le Tambourin. — J'ai vu un exemplaire de la même espèce trouvé sur le rivage du Morbihan ; et Collard des Cherres l'indique dans le département du Finistère ; il est donc probable que de nouvelles recherches permettront de recueillir ailleurs cette rare coquille.

M. Hidalgo cite, au nord de l'Espagne et près de notre frontière, le *Megerlia truncata*, en compagnie de deux autres Brachiopodes : les *Terebratulina caput serpentis* Linné, et *Argiope aperta* Blainville.

ACEPHALA.

TEREDO Linné.

178. **Teredo navalis** Linné, Syst. nat., p. 1267. — B. M., pl. 1, fig. 7-8. — Petit, Cat. J. C., t. II, p. 278.

Hab. Bassin d'Arcachon. — Côtes de la Charente-Inférieure (Laurent).

Obs. Cette espèce se distingue nettement de ses congénères par ses palettes bicornes.

Les valves sont un peu moins hautes que larges, l'aréa antérieure porte 42 à 45 stries.

Le pédoncule des palettes est cylindrique et se prolonge sous forme de nervure médiane sur leurs deux faces. La face interne est lisse et plane ; la face externe bombée vers son centre, et calleuse à l'endroit où elle se bifurque en deux pointes aiguës. L'intervalle qui sépare ces deux pointes est quelquefois rempli par une matière organique (résultat de la décomposition du mollusque) qui communique à la palette une teinte noirâtre. Chez les jeunes individus, le pédoncule est très-long, la palette large et fortement bifurquée. Tube mince.

J'ai figuré le véritable *Teredo navalis* (1) d'après des individus provenant des digues de Hollande ; ce n'est que récemment que je l'ai trouvé dans le bassin d'Arcachon, où il est très-rare. Je ne l'ai pas vu sur les côtes des Basses-Pyrénées, où abondent les *Teredo norvagica* et *pedicellata.*

179. **T. bipennata** Turton, A conchol. dict. of British Islands, p. 184, fig. 38-40. — B. M., pl. 4, fig. 9-11. — Petit, Cat. J. C, t. VI, p. 353.

Hab. Trouvé dans une épave jetée sur le rivage de Saint-Paul-de-Mimizan (Landes).

Obs. 1. Cette espèce de Taret a ses palettes articulées ; elles atteignent une longueur considérable.

Le *Teredo bipennata* habite-t-il nos mers ? Il est difficile de répondre à cette question ; mais on remarquera que sa présence y est en quelque sorte exceptionnelle. Néanmoins, nous connaissons déjà plusieurs points des mers d'Europe où il a été recueilli : sur les côtes de la Loire-Inférieure (Cailliaud) ; à Cherbourg (Manche) ; Guernesey (Jeffreys), etc.

Je crois à l'identité des *Teredo bipennata* Turton et *pennatifera* Blainville. — Néanmoins, il serait à souhaiter que l'on possédât un exemplaire complet et authentique, pourvu de ses valves et de ses palettes. Plusieurs espèces de Tarets peuvent vivre dans la même pièce de bois ; et l'on a peut-être attribué les palettes de l'une aux valves de l'autre.

L'exemplaire pris sur la côte des Landes et conservé au Musée de Bordeaux, n'est représenté que par ses palettes. Celles-ci sont longues, en forme de plume, composées d'une vingtaine de godets allongés, étroits, comprimés, épineux à leur bord inférieur, et prolongés latéralement sous forme de longues épines quelquefois recourbées. Pédicule aussi long et quelquefois plus long que la partie articulée, le plus souvent un peu arqué, cylindrique, blanc. Longueur des palettes, 4 à 5 centimètres.

Les valves ressemblent à celle du *Teredo malleolus ;* mais je n'ai vu

______

(1) *Mélanges conchyliologiques*, p. 8, pl. 1, fig. 11-13 et 18-19 (Act. Soc. Linn. de Bordeaux, 1855).

que les valves qui accompagnent les palettes prises à Cherbourg, et ne
suis pas absolument certain de leur authenticité. — M. Jeffreys trouve,
au contraire, que les valves se rapprochent de celles du *Teredo mego-
tara*; il est très-difficile de se prononcer si l'on ne possède pas l'animal.

Obs. 2. M. Piet (*Recherches sur l'île de Noirmoutiers*, édit. 2) annonce
que D'Orbigny père a trouvé le *Teredo carinata* Blainville dans un mor-
ceau d'acajou, sur la plage de Noirmoutiers. Cette espèce, très-mal
connue, est rapportée par quelques auteurs au *Teredo pennatifera* de
Blainville; elle en différerait par ses palettes.

PHOLADIDEA Leach.

180. Pholadidea papyracea Turton, Dithyra, p. 2, tab. 1,
fig. 1-4 (*Pholas*). — B. M., pl. 5, fig. 3-6, pl. 2, fig. 1. — Lafont, Note sur la Faune de la Gironde, N° 4.

Hab. Dans le calcaire jurassique, au large, vis-à-vis l'île de Ré (Beltrémieux). — Dragué en dehors du bassin d'Arcachon (Lafont).

Obs. A l'état jeune, le *Pholadidea papyracea* est semblable aux vrais
Pholades et a été décrit comme une espèce distincte par Turton, sous
le nom de *Pholas lamellata.*

Le *Pholadidea papyracea* n'a pas, en France, d'autres stations con-
nues que celles indiquées ci-dessus.

XYLOPHAGA Turton.

181. Xylophaga dorsalis Turton, Conch. Dict., p. 185 (*Teredo*).
— B. M., pl. 2, fig. 3-4. — Petit, Cat. J. C., t. VI, p. 354.

Hab. Dans les pièces de bois recueillies au large en dehors du bassin
d'Arcachon (Lafont). — La Rochelle (Charente-Inférieure).

Obs. 1. On ne connaissait, jusqu'à présent, qu'une seule localité, sur
les côtes océaniques de France, où ce mollusque eût été recueilli;
M. Daniel l'a découvert dans la rade de Brest, où il perfore les bois des
ancres perdues, à une assez grande profondeur.

Obs. 2. Le *Pholas crispata* Linné est mentionné, dans le Catalogue
des mollusques de la Charente-Inférieure, par M. Aucapitaine; mais cette
coquille manque dans les collections de La Rochelle, et je crois qu'elle
a été introduite par erreur au nombre des mollusques indigènes du Sud-
Ouest. Elle ne dépasse pas, au Sud, le département du Finistère.

(103)

SOLECURTUS Blainville.

182. Solecurtus antiquatus Pulteney, Cat. Dors., p. 28, pl. 4,
fig. 5 (*Solen*). — B. M., pl. 15, fig. 3. — Petit, Cat. J. C., t. II,
p. 280.

Hab. Banc-Blanc, dans le bassin d'Arcachon. R. (Lafont).

MYA Linné.

183. Mya truncata Linné, Syst. nat. éd. 12ᵉ, p. 1,112. — B. M.,
pl. 10, fig. 1-3. — Petit, Cat. J. C., t. II, pl. 281.

Hab. La Rochelle, île de Ré (Charente-Inférieure), d'après MM. Aucapitaine, Beltrémieux et Le Marié.

Obs. Le *Mya truncata* est rare dans le département de la Loire-Inférieure où on ne le recueille que dans la partie N. ; il doit être encore plus rare dans la Charente-Inférieure, et je le considère comme une espèce douteuse du sud-ouest de la France.

Le *Mya arenaria* vit au-dessous du bassin d'Arcachon, à Saint-Jean-de-Luz (Basses-Pyrénées).

LYONSIA Turton.

184. Lyonsia Norvegica Chemnitz, Conchyl. Cab. t. X, p. 345,
tab. 170, fig. 1647-48 (*Mya*). — B. M., pl. 8, fig. 6-9. — Petit,
Cat J. C., t. VI, p. 356.

Hab. Ile de Ré (Charente-Inférieure). — Noirmoutiers (Vendée).

Obs. Ce mollusque s'étend du nord de la Scandinavie jusqu'à Madère.
M. Mac Andrew l'indique au nord de l'Espagne.

NEŒRA Gray.

185. Neœra costellata Deshayes, Expéd. scient. Morée, p. 86,
pl. 7, fig. 1-3 (*Corbula*). — B. M., pl. 7, fig. 8-9. — Weinkauff,
Conchyl. des Mittelm., p. 29.

Hab. Dragué au large, dans le golfe de Gascogne, par 20 à 60 brasses
(de Folin).

Obs. 1. Coquille qui n'a pas été encore signalée sur nos côtes de l'Atlantique. Sa distribution géographique est très-étendue : depuis les côtes de Norvége et de la Grande-Bretagne jusqu'à la mer Egée et Madère.

2

Obs. 2. M. Beltrémieux mentionne, à La Rochelle, le *Thracia pubescens* Pulteney ; mais les exemplaires ainsi désignés dans le Musée Fleuriau se rapportent au *Thracia phaseolina*. — Je n'ai pas trouvé dans le même Musée un seul exemplaire du *Thracia corbuloides* Deshayes, cité par M. Aucapitaine, dans sa liste des Mollusques de la Charente-Inférieure ; cette espèce est franchement méditerranéenne.

SYNDESMYA Récluz.

186. **Syndesmya intermedia** Thompson, Ann. nat. hist., t. XV, p. 318, pl. 19, fig. 6. (*Amphidesma*). — B. M., pl. 17, fig. 9-10. — Petit, Cat. J. C., t. VIII, p. 236.

Hab. En dehors du bassin d'Arcachon, dragué au large. R. (Lafont).

187. **S. tenuis** Montagu, Test. Brit., suppl., p. 572, tab. 17, fig. 7 (*Mactra*). — B. M., pl. 17, fig. 11. — Petit, Cat. J. C , t. II, p. 286.

Hab. Bassin d'Arcachon, dans les crassats. C.

Obs. Cette espèce a les mêmes mœurs et les mêmes stations que les *Syndesmya alba* et *Scrobicularia piperata*. Elle est très-répandue sur les plages du bassin, mais elle reste toujours petite.

188. **S. segmentum** Récluz, Rev. zool., p. 367 (1843). — Fischer, J. C., t. XV, pl. 295, pl. 9, fig. 2.

Hab. Marais salants du Verdon, à l'embouchure de la Gironde (Des Moulins). Bassin d'Arcachon (Lafont).

Obs. Coquille qu'on retrouve dans les marais salants de la Loire-Inférieure et du Morbihan. Elle est plus rostrée que le *Syndesmya tenuis*.

189. **S. prismatica** Montagu, Test. Brit., suppl., p. 23, tab. 26, fig. 3. (*Ligula*). — B. M., pl. 17, fig. 15. — Petit, Cat. J. C., t. II, p. 226.

Hab. Dragué en dehors du bassin d'Arcachon. R. (Lafont.)

TELLINA Linné.

190. **Tellina pusilla** Philippi, Enum. Moll. Sic., t. I, p. 29, tab. 3, fig. 9, *a. b.* — B. M., pl. 19, fig. 6-7. — Petit, Cat. J. C., t. VIII, p. 238.

Hab. Dragué au large, en dehors du bassin d'Arcachon (Gironde), et de l'embouchure de la Gironde. R.

PSAMMOBIA Lamarck.

191. **Psammobia costulata** Turton, Conch. Dith., p. 87 , tab. 6,
fig. 8. — B. M., pl. 19, fig. 5.

Hab. Dragué au large, dans le golfe de Gascogne (de Folin). C.

Obs. Il est étrange que cette espèce n'ait pas été encore signalée sur
nos côtes océaniques. Les auteurs étrangers l'ont recueillie, au Nord,
sur les rivages de Norvége, de la Grande-Bretagne, des îles Shetland; et
au Midi, à Gibraltar, Madère, Canaries, Mogador et dans toute la Méditerranée.

DONAX Linné.

192. **Donax politus** Poli, Testacea utriusque Siciliæ, t. I, p. 44,
tab. 21, fig. 14-15, (*Tellina*). — B. M., pl. 21, fig. 7. — Petit,
Cat. J. C., t. II, p. 294.

Hab. Bassin d'Arcachon, au Grand-Banc, Muscla du Nord, etc.
(Lafont).

Obs. Coquille commune dans la Manche, et qui devient rare sur notre
littoral.

VENUS Linné.

193. **Venus casina** Linné, Syst. nat., p. 1130. — B. M., pl. 24,
fig. 1, 5, 6. — Petit, Cat. J. C., t. II, p. 299.

Hab. Côtes de la Charente-Inférieure et de la Gironde. R.

Obs. Espèce très-rare sur tout le littoral océanique de la France. Elle
a été trouvée dans la Manche, le Finistère, le Morbihan et la Loire-Inférieure.

DIPLODONTA Bronn.

194. **Diplodonta rotundata** Montagu, Test. Brit., p. 71, pl. 2,
fig. 3. (*Tellina*), — B. M., pl. 35, fig. 6. — Cailliaud, Cat. Loire-
Inférieure, p. 93.

Hab. Ile de Ré (Charente-Inférieure). — Côtes de la Gironde, trouvé
vivant au Banc-Blanc (Bassin d'Arcachon), à Eyrac, (*id.*), etc. — Golfe
de Gascogne par 20 brasses. C.

CARDIUM Linné.

195. Cardium paucicostatum Sowerby, Proceed. of zool. Soc.
1840, p. 106. — Reeve, Conchologia Iconica, Cardium, pl. 4,
fig. 18. — Petit, Cat. J. C., t. II, p. 374.

HAB. Littoral de la Charente-Inférieure, de la Gironde et des Landes.
Commun.

OBS. Coquille que l'on pourrait confondre avec les jeunes du *Cardium
aculeatum* Linné, mais qui en diffère par ses côtes moins nombreuses,
(15-16 au lieu de 22), ses épines courtes, éloignées, rudimentaires.
On l'a appelé longtemps *Cardium ciliare*; mais le vrai *Cardium ciliare*
de Linné est encore inconnu des nomenclateurs; le *Cardium ciliare* de
Montagu est un jeune *Cardium aculeatum*; celui de Pennant un jeune
Cardium echinatum; celui de Donovan un jeune *Cardium tuberculatum*.
Le *Cardium ciliare* des malacologistes méditerranéens se rapporte seul
à notre espèce, et il est convenable, pour éclairer la synonymie, d'adopter le nom créé par Sowerby.

M. Mac Andrew indique notre espèce au nord de l'Espagne.

196. C. papillosum Poli, Testacea utriusque Siciliæ, t. II, p. 56, pl.
16, fig. 2-4. — Jeffreys, B. C. t. II, p. 275. — Petit, Cat. J. C.,
t. II, p. 374.

HAB. Banc-Blanc, Bassin d'Arcachon (Gironde).

197. C. roseum Lamarck, Hist. nat. des anim. s. vertèbres, 1re édit.,
t. VI, p. 14. — B. M., pl. 32, fig. 7. — Petit, Cat. J. C., t. II,
p. 375.

HAB. Avec l'espèce précédente.

198. C. minimum Philippi, Enum. moll. Sicil., t. I, p. 51, pl. 14,
fig. 18. — B. M., pl. 32, fig. 6. — Cailliaud, Cat. Loire-Infér.
p. 90.

HAB. Dragué au large, dans le golfe de Gascogne, par 15 à 60 brasse
(de Folin).

OBS. MM. Cailliaud et Taslé citent cette petite espèce sur les côtes de
Bretagne où elle est rare.

199. C. fasciatum Montagu, Test. Brit., suppl., p. 30. — B. M.,
pl. 32, fig. 5. — Cailliaud, Cat. Loire-Infér., p. 90.

HAB. Avec l'espèce précédente.

CYPRINA Lamarck.

200. **Cyprina Islandica** Linné, Syst. nat., p. 1131, (*Venus*). —
B. M., pl. 29. — Petit, Cat. J. C., t. II, p. 295.

Hab. Le rivage en dehors du Bassin d'Arcachon.

Obs. On trouve souvent sur la plage des valves roulées de cette espèce,
et les pêcheurs assurent qu'elle vit au large. Néanmoins, le golfe de Gascogne est probablement la limite extrême au S. de la Cyprine, coquille
essentiellement boréale.

Sur les côtes de France, elle a été indiquée à Boulogne (Bouchard), à
Cherbourg (Macé), et dans le golfe du Morbihan (Taslé). .

CIRCE Schumacher.

201. **Circe minima** Montagu, Test. Brit., p. 121, pl. 3, fig. 3,
(*Venus*). — B. M., pl. 26. fig. 4-6. — Cailliaud, Cat. Loire-Inférieure, p. 86.

Hab. Dragué au large dans le golfe de Gascogne (de Folin). R.

ASTARTE Sowerby.

202. **Astarte triangularis** Montagu, Test. Brit., p. 99, tab. 3,
fig. 5 (*Mactra*). — B. M., pl. 30, fig. 4. — Cailliaud, Cat. Loire-
Infér., p. 87.

Hab. Dragué au large, dans le golfe de Gascogne (de Folin).

Obs. Coquille qui n'est pas rare, mais qu'on ne signale qu'exception-
nellement sur nos côtes. M. Récluz l'indique à Granville ; M. Cailliaud
au Croisic ; j'en ai vu des exemplaires provenant de Belle-Ile (Morbihan),
et dragués à peu de profondeur.

203. **A. sulcata** Da Costa, Brit. Conch., p. 192, (*Pectunculus*). —
B. M., pl. 30, fig. 5-6. — Hidalgo, Cat. Moll. testacés d'Espagne, p. 46.

Hab. Golfe de Gascogne, par 40 à 80 brasses (de Folin).

Obs. La drague n'a rapporté que des individus très-jeunes de ce mollusque, qui paraît fort rare sur notre littoral. Il a été trouvé au nord de
l'Espagne par Mac Andrew et Hidalgo.

CYAMIUM Philippi.

204. **Cyamium minutum** Fabricius, Fauna Groenl., p. 412, (*Ve-
ntts*). — B. M., pl. 18, fig. 7. — Petit, Cat. J. C., t. II, p. 285.

Hab. Sables de fond pris dans le voisinage de l'île de Ré (Charente-Inférieure) ; — de l'île de Noirmoutiers (Vendée) ; — et en dehors de la Pointe-de-Grave (Gironde).

LEPTON Turton.

205. **Lepton nitidum** Turton, Conch. Dith., p. 63. — B. M., pl. 36, fig. 3-4. — Jeffreys, Brit. Conch., t. II, p. 198.

Hab. Dragué au large dans le golfe de Gascogne (de Folin).

Obs. Petite espèce peu répandue et qui semblait propre aux îles Britanniques. Cependant M. Jeffreys l'a recueillie sur les côtes du Piémont. Elle est commune à Guernesey.

GALEOMMA Turton.

206. **Galeomma Turtoni** Sowerby, Zool. journ., t. II, p. 361, tab. 13, fig. 1. — B. M., pl. 35, fig. 11. — Petit, Cat. J. C., t. II, p. 288.

Hab. Ile Noirmoutiers (Vendée). R., (d'Orbigny).

Obs. Coquille rare sur les côtes de France ; elle n'a été retrouvée qu'à l'îlot du Four (Cailliaud). — M. Mac Andrew l'indique au nord de l'Espagne.

PORONIA Récluz.

207. **Poronia rubra** Montagu, Test. Brit., p. 71. tab. 2, fig. 3, (Cardium). — B. M., pl. 36, fig. 5-7. — Petit, Cat. J. C., t. II, p. 285.

Hab. Biarritz (Basses-Pyrénées), dans les trous des rochers. R. — Bassin d'Arcachon (Gironde). — Ile de Ré (Charente-Inférieure). — Golfe de Gascogne.

Obs. Les exemplaires d'Arcachon sont décolorés.

ERYCINA Lamarck.

208. **Erycina bidentata** Montagu, Test. Brit., p. 44, tab. 26, fig. 5, (Mya). — B. M., pl. 18, fig. 6. — Petit, Cat. J. C., t. VI, p. 359.

Hab. Bassin d'Arcachon, à Eyrac (Gironde), au Banc-Blanc, dans les crassats. — Dragué dans le golfe de Gascogne. C.

Obs. J'ai retrouvé l'*Erycina bidentata* sur tous les rivages du département du Calvados ; à Trouville, Villers, Houlgate, Cabourg, etc.

209. **E. ferruginosa** Montagu, Test. Brit. , p. 44, tab. 26, fig. 5,
   (*Mya*). — B. M., pl. 18, fig. 5. — Petit, Cat. J. C., t. II, p. 286.

Hab. Bassin d'Arcachon (Gironde), au Banc-Blanc.

Obs. M. Lafont a dragué récemment plusieurs exemplaires de grande
taille en dehors du Bassin d'Arcachon.

210. **E. substriata** Montagu, Test. Brit. , suppl. , p. 25, (*Ligula*).
   — B. M., pl. 18, fig. 8. — Petit, Cat. J. C., t. II, p. 285.

Hab. En dehors du Bassin d'Arcachon, entre les épines des *Spatangus*
(Lafont).

Obs. Tous les mollusques parasites vivent sur les Échinodermes. Ainsi
les *Stylifer* se trouvent sur les Oursins et les Astéries; les *Eulima*, sur
les Comatules et les Holothuries; les *Entoconcha* dans l'intérieur des
Synaptes, etc.

KELLIA Turton.

211. **Kellia Mac-Andrewi** Fischer, Journal de Conchyliologie,
   t. XV, p. 194, pl. 9, fig. 1. (1867.) — Mac Andrew, Report
   on the marine testaceous mollusca, 1856, p. 141, (*Pythina*). —
   Hidalgo, Cat. Moll. Espagne, p. 45.

Hab. Dragué en dehors du Bassin d'Arcachon. R. — Banc-Blanc en
dedans du Bassin. (Lafont.)

Obs. M. Mac Andrew considère cette espèce comme un *Pythina*, mais
je ne puis admettre son opinion. Les *Pythina* ont un têt très-épais
chargé de côtes rayonnantes; notre espèce a un têt mince, lisse, mais
son épiderme porte des rayons squammeux qui lui donnent l'apparence
d'un *Pythina*. Du reste, la charnière ne diffère pas de celle du *Kellia
corbuloides* de la Méditerranée.

Cette espèce, rare, a été d'abord draguée au nord de l'Espagne et sur
les côtes du Portugal; elle se retrouve au sud de l'Espagne (Gibraltar)
et à Mogador (Maroc). Il est probable qu'on la signalera dans la Méditerranée.

LUCINA Bruguière.

212. **Lucina radula** Lamarck, Hist. nat. anim. s. vert., 1re éd.,
   t. V, p. 541. — B. M., pl. 35, fig. 5. — Petit, Cat. J. C., t. II,
   p. 292.

Hab. Les côtes, en dehors du Bassin, à *La Garonne*. (Gironde). R.

213. **L. flexuosa** Montagu, Test. Brit., p. 72 (*Tellina*). — B. M.,
pl. 35, fig. 4. — Petit, Cat. J. C., t. II, p. 293.
HAB. En dehors du Bassin, dragué au large, vis-à-vis Hourtins. R.
(Gironde).

214. **L. spinifera** Montagu, Test. Brit., p. 577, pl. 17, fig. 1 (*Venus*).
— B. M., pl. 35, fig. 1. — Petit, Cat., t. VI, p. 362.
HAB. Avec l'espèce précédente. (Lafont).

215. **L. reticulata** Poli, Testacea utriusque Siciliæ, pl. 20, fig. 14
(*Tellina*). — Cailliaud, Cat. Loire-Inférieure, p. 93. — Petit,
Cat. J. C., t. II, p. 293.
HAB. Plages océaniques de la Gironde, roulée.

216. **L. divaricata** Linné, Syst. nat., ed. 12ª, p. 1120 (*Tellina*).
— B. M., pl. 35, fig. 3. — Petit, Cat. J. C., t. II, p. 292.
HAB. Le Banc-Blanc, à l'entrée du Bassin d'Arcachon. C. — Côtes de
la Charente-Inférieure.

LEDA Schumacher.

217. **Leda tenuis** Philippi, Enumer. Moll. Sicil., t. I, p. 65, pl.
5, fig. 9. (*Nucula*). — B. M., pl. 47, fig. 10. — Weinkauff,
Conchyl., Mittelm., t. I, p. 210.
HAB. Golfe de Gascogne, par 40 à 80 brasses (de Folin).
OBS. M. de Folin a dragué plusieurs exemplaires de cette espèce dont
la distribution géographique présente quelques lacunes. Elle est signalée
par la plupart des naturalistes du Nord, sur les côtes du Groenland, de
Norvége, d'Écosse ; puis ne se retrouve plus que dans la baie de Naples.
Le golfe de Gascogne est donc une de ses stations intermédiaires, et nous
constaterons le même fait au sujet d'autres espèces dont la répartition
offrait des anomalies apparentes.
Le *Nucula tenuis* de Philippi, qui est notre espèce, n'a aucun rapport
avec le *Nucula tenuis* Montagu qui reste dans le genre Nucule.

218. **L. commutata** Philippi, Zeitschrift für Malak., p. 101, (*Nu-
cula*). (1844). — Brocchi, Conchiol. foss. subap., lab 11, fig. 4.
— Petit, Cat. J. C., t. IX, p. 240.
HAB. Dragué vivant, au large, en dehors du Bassin d'Arcachon,
(Lafont), et dans le golfe de Gascogne (de Folin).

Obs. Ce mollusque, assez répandu dans la Méditerranée, n'a été recueilli dans l'Océan que près du cap Trafalgar (Mac Andrew). Sa synonymie est assez embrouillée; Brocchi l'a décrit et figuré pour la première fois en le rapportant à l'*Arca minuta* de Müller, espèce boréale; Philippi, Forbes, Mac-Andrew l'ont identifié avec une espèce fossile du Bassin de Paris, le *Nucula striata* Lamarck; enfin Philippi a jugé nécessaire de lui imposer un nouveau nom qui doit être définitivement conservé.

NUCULA Lamarck.

219. **Nucula sulcata** Bronn, Italiens' Tertiargebilde, p. 109, n° 633. — B. M., pl. 47, fig. 1-3. — Petit, Cat. J. C., t. VI, p. 363.

Hab. Dragué au large, en dehors du Bassin d'Arcachon. (Lafont.)

Obs. On connaît généralement cette coquille sous le nom de *Nucula decussata* Sowerby.

Le *Nucula radiata* Forbes et Hanley, a été trouvé sur nos côtes de la Gironde; mais on s'accorde à le considérer comme une variété du *N. nucleus* Linné.

ARCA Linné.

220. **Arca pectunculoides** Scacchi, Ann. civ. di due Sicil. VI, p. 82. — B. M., pl. 45, fig. 8. — Weinkauff, Conchyl. Mittelm., t. I, p. 201.

Hab. Dragué au large, dans le golfe de Gascogne, par 60 brasses (de Folin).

Obs. Voici encore une des stations intermédiaires de cette rare espèce qui habite, d'une part, les mers Glaciales, la Norvége, les îles Shetland; et d'autre part, Gibraltar et la mer Egée.

CRENELLA Brown.

221. **Crenella costulata** Risso, Hist. nat. de l'Eur. Méridion., t. IV, p. 324; fig. 165, (*Modiolus*). — B. M., pl. 45, fig. 1. — Cailliaud, Cat. Loire-Infér., p. 111.

Hab. Bassin d'Arcachon, à Eyrac, C. — Biarritz (Basses-Pyrénées).

222. **C. Petagnae** Scacchi, Lettera 1832, (*Modiola*). — Philippi, Enumer. moll. Sicil., t. I, tab. 5, fig. 11, t. II, p. 51. — Cailliaud, Cat. Loire-Infér., p. 109.

Hab. Bassin d'Arcachon (Gironde). — Biarritz, Hendaye (Basses-Pyrénées). R.

Obs. Coquille méridionale, qui n'a été observée au nord de l'Aquitaine, que sur le plateau du Four, par M. Cailliaud.

LITHODOMUS Cuvier.

223. **Lithodomus caudigerus** Lamarck, Hist. nat. anim. s. vert., 1re édit., t. VI, p. 116. (*Modiola*).— Adanson, Sénégal, p. 267, pl. 19. — Fischer, J. C., t. XIII, p. 127.

Hab. Biarritz, Guétary (Basses-Pyrénées), dans les roches immergées qui ne découvrent qu'aux plus basses marées.

Obs. M. Mac-Andrew a découvert ce Lithodome sur les côtes du nord de l'Espagne et du Portugal; sa patrie véritable semble être l'Afrique du nord (Algérie) et de l'ouest (Sénégal). Adanson l'a appelé *Ropan*.

MODIOLA Lamarck.

224. **Modiola phaseolina** Philippi, Enum. mollusc. Sicil., t. II, p. 5. tab. 15, fig. 14. — B. M., pl. 44, fig. 3. — Cailliaud, Cat. Loire-Infér., p. 109.

Hab. Bassin d'Arcachon, sur les bouées, parmi les Avicules, etc.

Obs. Le *Modiola phaseolina* diffère du *M. barbata* par ses poils non denticulés sur leurs bords et sa taille plus petite. M. Cailliaud l'a recueilli sur le plateau du Four, à l'embouchure de la Loire, et M. Taslé à Quiberon.

MYTILUS Linné.

78. (1) **Mytilus edulis** Linné.

Obs. Quelques-unes des variétés du *Mytilus edulis* sont considérées comme des espèces distinctes. Nous citerons :

β *Mytilus incurvatus* Pennant, British zool., 4e éd., t. III, pl. 64, fig. 74. — Petit, Cat. J. C., t. II, p. 384.

Hab. Biarritz, Saint-Jean-de-Luz, etc., C. L'incurvation est extrêmement marquée sur quelques exemplaires; elle est probablement due à la

(4) Les numéros non concordants à ceux du présent mémoire se rapportent à ceux de mon précédent, sur le même sujet. (Act. Soc. Lin. de Bordeaux, t. XXV, p. 257), auquel ils servent ici de complément.

gêne qu'éprouve ce mollusque fixé dans des trous à la première période de son existence.

γ *Mytilus ungulatus* Linné , Syst. nat., p. 1157.

HAB. Bassin d'Arcachon , sur les bouées ; ainsi que je l'ai dit précédemment , j'y ai recueilli des exemplaires longs de 10 centimètres. — M. Cailliaud en a trouvé de plus grands (12 centimètres) sur les bouées placées au N. de l'îlôt du Four (Loire-Inférieure).

225. **M. minimus** POLI, Testacea utriusque Siciliæ, p. 209, tab. 32, fig. 1. — Deshayes *in* Lamarck, Anim. s. vert., t. VII, p. 49.— Weinkauff, Conchyl. des Mittelm., p. 229.

HAB. Bassin d'Arcachon, sur les pierres du débarcadère. — Biarritz, Guétary, Saint-Jean-de-Luz (Basses-Pyrénées). C.

OBS. Nos exemplaires appartiennent bien à l'espèce de Poli ; ils sont nacrés à l'intérieur et leur bord dorsal est chargé de denticulations, à sa face interne. — M. Cailliaud signale le *Mytilus minimus* sur les côtes de la Loire-Inférieure ; mais l'espèce n'arrive pas jusqu'aux rivages de l'Angleterre.

LIMA BRUGUIÈRE.

226. **Lima subauriculata** MONTAGU, Test. Brit., suppl., p. 63, tab. 29, fig. 2 (*Pecten*).' — Jeffreys, Brit. Conch., t. II, p. 82. — Petit, Cat. J. C., t. VIII, p. 241.

HAB. Dragué au large, en dehors du bassin d'Arcachon (Gironde). R. ; — et recueilli dans du sable de fond, à la profondeur de 50 brasses , dans le golfe de Gascogne (de Folin). C.

227! **L. Loscombei** SOWERBY, Genera of shells (*Lima*), fig. 4. — B. M., pl. 53, fig. 1-3. — Cailliaud, Cat. Loire-Inférieure, p. 118.

HAB. A l'entrée du Bassin d'Arcachon, sur les bancs qui ne découvrent qu'aux plus basses marées, (Musée d'Arcachon). — Hendaye, Saint-Jean-de-Luz (Basses-Pyrénées). — Dragué au large, dans le golfe de Gascogne.

OBS. Espèce rare sur nos côtes.

228. **L. hians** GMELIN, Syst. nat., ed. 13ᵃ, p. 3332 (*Ostrea*). — B. M., pl. 52, fig. 3-5. -- Petit, Cat. J. C., t. VI, p. 364.

HAB. La Garonne, en dehors du Bassin d'Arcachon ; Vieux-Soulac (Gironde). — Littoral des Basses-Pyrénées. R. (Des Moulins).

(114)

Obs. Outre ces trois espèces, j'ai vu, dans le Musée d'Arcachon , une valve du *Lima squamosa* Lamarck , recueillie sur la côte extérieure du Bassin, à la Garonne. Avant d'inscrire ce nom sur nos listes, j'attendrai de nouvelles recherches. Le *Lima squamosa* paraît jusqu'à présent propre à la Méditerranée.

PECTEN Bruguière.

229. **Pecten similis** Laskey , Mém. Wern., Soc. 1, p. 387, tab 8, fig. 8. — B. M.; pl. 52, fig. 16. — Petit, Cat. J. C., t. VIII, p. 241.

Hab. Dragué en dehors du Bassin d'Arcachon et dans le golfe de Gascogne. C.

Obs. Je ne trouve le *Pecten similis* dans aucun des Catalogues de nos mollusques marins océaniques. M. Mac-Andrew l'a dragué au nord de l'Espagne.

230. **P. tigrinus** Muller, Zool. Dan. Prodr., p. 248, n° 2993. — B. M., pl. 51, fig. 8-11. — Petit, Cat. J. C., t. II, p. 389.

Hab. Avec le précédent C.

231. **P. Testæ** Bivona, *in* Philippi , Enumer. Moll. Sicil., t. I, p. 81, tab. 5, fig. 17. — Jeffreys, Brit. Conch., t. II, p. 65. — Petit, Cat. J. C., t. II, p. 389.

Hab. Golfe de Gascogne, dragué par 75 brasses. R. (de Folin).

Obs. Ce n'est que depuis peu d'années que le *Pecten Testæ* a été observé dans les mers du nord de l'Europe (Norvége, Grande-Bretagne). M. Cailliaud le signale sur les côtes de la Loire-Inférieure , et M. Taslé sur celles du Morbihan.

ANOMIA Linné.

232. **Anomia patelliformis** Linné , Syst. nat., ed. 12ᵃ, p. 1151. — B. M., pl. 56, fig. 5-6. — Petit, Cat. J. C., t. II, p. 392.

Hab. Grand-Banc (Bassin d'Arcachon). R.

233. **A. aculeata** Muller, Zool. Dan., Prodrom., p. 249. — B. M., pl. 55. fig. 4. — Petit, Cat. J. C., t. II, p. 392.

Hab. A l'entrée du Bassin d'Arcachon (Gironde).

Obs. Quoique la plupart des auteurs identifient cette Anomie avec l'*A. ephippium*, je la maintiens provisoirement sous un nom distinct à cause de ses caractères remarquables.

OSTREA Linné.

234. Ostrea cochlear Poli. Test. utr. Sicil., tab. 28, fig. 28. —
Weinkauff, Conchyl. des Mittelm., p. 277. — Hidalgo, Cat. moll.
marins d'Espagne, p. 70.

Hab. Dragué au large, en dehors du Bassin d'Arcachon, par 65 brasses, sur les Avicules (Lafont). — Cap Breton (Landes).

Obs. Les exemplaires de cette espèce sont grands et bien caractérisés ; leurs valves blanches prennent une teinte rosée vers les crochets, plus prononcée sur la valve inférieure ; le test est plus épais que chez l'*Ostrea cochlear* de la Méditerranée. L'animal serait de couleur jaune-orange.

L'*Ostrea cochlear* paraissait propre à la Méditerranée où on la recueille par de grands fonds. Sa seule localité océanique connue était Cadix, où elle avait été trouvée par M. Paz (Hidalgo).

Obs. 2. L'*Ostrea angulata* (*Gryphæa*) Lamarck est importé dans le Bassin d'Arcachon. On trouve à Saint-Jean-de-Luz, une Huître qui semble intermédiaire entre cette espèce et l'*Ostrea edulis*. Elle n'a pas les gros plis de l'*Ostrea angulata*, mais la charnière est semblable, et l'impression musculaire est teintée de violet.

Obs. 3. L'*Ostrea spondyloides* d'Orbigny père, cité par Beltrémieux (Faune de la Charente-Inférieure, p. 80), est un véritable *Ostrea edulis*.

GASTEROPODA.

DENTALIUM Linné.

235. Dentalium novemcostatum Lamarck, Hist. nat. anim.
s. vert., 1re éd., t. V, p. 344. — Sow., Thes., fig. 24-27. —
Petit, Cat. J. C., t. VIII, p 245.

Hab. La Rochelle, île de Ré (Charente-Inférieure). — Saint-Jean-de-Luz (Basses-Pyrénées). — Côtes de la Gironde.

Obs. Le *Dentalium novemcostatum* de Lamarck est probablement le véritable *Dentalium dentalis* Linné. — Il est très-distinct du *Dentalium Tarentinum* par ses grosses côtes variant de 9 à 12.

Les échantillons qui ont servi à caractériser le type de Lamarck provenaient de La Rochelle.

CADULUS Philippi.

236. **Cadulus gadus** Montagu, Test. Brit., t. II, p. 496, pl. 14, fig. 7 (*Dentalium*). — Cantraine, Malac. méditer., pl. 1, fig. 8 *b*.

Hab. Dragué en dehors du Bassin d'Arcachon. R.

Obs. D'après les recherches récentes de M. Sars (Vid. Selsk Forh., Christiana 1864), un certain nombre de Dentales que l'on plaçait au nombre des *Ditrupa* et par conséquent des Annélides, doivent être réintégrés dans l'embranchement des Mollusques, sous le titre de *Siphonodentalium*. M. Jeffreys admet deux coupes parmi les *Siphonodentalium*; la première, qui conserve le nom proposé par Sars, a pour titre le *S. Lofotense* Sars; la seconde, rapportée au genre *Cadulus* Philippi, comprend les *Cadulus gadus* Montagu, *subfusiformis* Sars, *ovulum* Philippi, etc.

Le *Cadulus gadus* est probablement identique avec le *Dentalium coarctatum* Lamarck, (Deshayes, Monogr. Dent., p. 51, pl. 4, fig. 18). M. Deshayes admet, pour les Dentales de ce groupe, le genre *Gadus* (Coq. foss. de Paris. suppl., t. II, p. 217); mais Rang, qui a proposé ce nom générique, ne l'a pas caractérisé et le considérait comme un Mollusque Ptéropode voisin des *Crescis*.

DORIS Cuvier.

237. **Doris tuberculata** Cuvier, Annales du Muséum, t. IV, p. 469, pl. 2, fig. 5. — A. et H., pl. 3. — Fischer, Cat. J. C., t. XV, p. 6.

Hab. La Rochelle, île de Ré (Charente-Inférieure).

Obs. Cuvier a établi cette espèce d'après un exemplaire provenant de l'île de Ré, et conservé dans la collection du Muséum de Paris. M. Aucapitaine, dans son Catalogue de la Charente-Inférieure, l'appelle *Doris argo*.

238. **D. derelicta** Fischer, Catalogue des Nudibranches des côtes océaniques de la France. Journ. de Conchyl., t. XV, p. 7. — Taslé, Faune Mal. ouest de la France, p. 71.

Hab. Bassin d'Arcachon, îlot de Cordouan (Gironde). — Royan, La Rochelle (Charente-Inférieure).

Obs. Cette belle espèce de *Doris* appartient à la faune méditerranéenne, et a été rapportée, par erreur, au *Doris verrucosa* de Cuvier, mollusque de la mer des Indes. Elle n'est pas rare sur nos côtes ; l'animal pond en juillet et août ; il paraît assez actif et nage à la surface de l'eau, comme les *Eolis* et les Limnées ; sa coloration est un jaune plus ou moins foncé. Les branchies sont au nombre de 12 à 16, le corps est couvert de très-gros tubercules.

Les catalogues de la Charente-Inférieure mentionnent le *Doris derelicta* sous le nom de *Doris tuberculata*.

239. **D. rubra** D'Orbigny, Mag. de Zoologie, t. VII, pl. 102 (1837). — A. et H., pl. 7. — Fischer, Cat. J. C., t. XV, p. 6.

Hab. Pointe des Minimes, près La Rochelle (Charente-Inférieure). — Arcachon (Gironde).

Obs. A. D'Orbigny a découvert son *Doris rubra* à La Rochelle ; la même espèce est figurée par Alder et Hancock sous le nom de *Doris coccinea*, loc. supr. cit.

240. **D. pilosa** Muller, Zool. Danica, t. III, p. 7, pl. 85, fig. 5-8.? — A. et H., pl. 15. — Fischer, Cat. J. C., t. XV, p. 6.

Hab. La Rochelle (Charente-Inférieure) ; — Arcachon (Gironde).

Obs. Cuvier avait reçu de Fleuriau plusieurs *Doris* que nous rapportons au *Doris pilosa* Müller ; mais le savant zoologiste crut trouver des caractères distinctifs dans quelques exemplaires, et décrivit : un *Doris stellata* à neuf branchies ; un *Doris pilosa* et un *Doris tomentosa*, à sept branchies. Quoique ces trois espèces ne soient pas établies d'après les animaux vivants, et qu'elles semblent devoir être confondues en une seule, il serait utile d'étudier encore, à La Rochelle, les *Doris* de ce groupe. Le *Doris pilosa* de Müller n'est certainement pas le *Doris pilosa* d'Alder et Hancock ; l'espèce du sud-ouest de la France est celle d'Alder et Hancock, qui devra changer de nom.

241. **D. depressa** Alder et Hancock, Ann. nat. hist., t. IX, p. 32. — A. et H., pl. 12. — Fischer, Cat. J. C., t. XV, p. 7.

Hab. Pointe du Chez, près La Rochelle (Charente-Inférieure).

Obs. D'Orbigny a créé pour cette espèce le genre *Villersia*, et l'a nommée *V. scutigera* (Mag. zool., t. VII, pl. 109). Il a méconnu les véritables branchies, et figuré, comme organes de la respiration, deux capsules ovigères d'un crustacé parasite. Le genre *Villersia* ne saurait être maintenu.

242. D. inconspicua ALDER et HANCOCK, Nudibranch. Mollusca, fam. 1, pl. 12, fig. 9-16. — Fischer, Cat. J. C., t. XVII, p. 5.

HAB. Arcachon (Lafont) , Septembre 1867.

243. D. Johnstoni ALDER et HANCOCK, Nudibranch. Mollusca, fam. 1, pl. 5. — Fischer, Cat. J. C., t. XVII, p. 6.

HAB. Arcachon, dans les pierres du débarcadère. Dragué par 5 ou 6 brasses. (Septembre 1868).

OBS. Je ne suis pas absolument certain de l'identité des exemplaires que j'ai examinés avec le *Doris Johnstoni*, mais je crois que les différences légères que j'ai notées proviennent peut-être de l'âge peu avancé de mes *Doris*.

Leur coloration est d'un gris jaunâtre clair, avec des taches obscures disséminées à la surface du manteau. Celui-ci est très-large, surtout à sa partie antérieure, où il dépasse le pied de beaucoup ; il est finement tomenteux, comme une étoffe de velours. Pied assez étroit, queue triangulaire, blanche ; lobes buccaux arrondis ; tentacules supérieurs transparents, courts et lamelleux ; leur cavité est bordée de petits tubercules blancs. Branchies blanches, transparentes, assez courtes, ne dépassant pas le manteau en arrière, composées de 12 feuillets ; anus à leur centre, saillant sous forme de tube.

Longueur, 14-15 millimètres.

POLYCERA CUVIER.

244. Polycera Lessoni D'ORBIGNY, Mag. de zoologie, t. VII, pl. 105 (1837). — A. et H., pl. 24. — Fischer, Cat. J. C. t. XV, p. 9.

HAB. Pointe du Plomb et Pointe de Chef de Baie, près La Rochelle (Charente-Inférieure). R.

OBS. J'ai vu, à La Rochelle, plusieurs exemplaires, conservés dans l'alcool, d'un Nudibranche qui m'a paru se rapporter au *Dendronotus arborescens* Cuvier.

DOTO OKEN.

245. Doto coronata GMELIN, Syst. nat., ed. 13ᵉ, p. 3105 (*Doris*) — A. et H. pl. 6. — Fischer, Cat. J. C., t. XV, p. 9.

(119)

Hab. Pointe du Plomb, près La Rochelle (Charente-Inférieure). — Biarritz (Basses-Pyrénées).

Obs. D'Orbigny, le premier, a indiqué ce Nudibranche sur nos côtes du Sud-Ouest, en le plaçant dans le genre *Tergipes,* ainsi que le suivant.

246. **D. affinis** D'Orbigny, Mag. de zoologie, t. VII, pl. 104 (*Tergipes*). — Fischer, Cat. J. C., t. XV, p. 9.

Hab. Pointe du Plomb, près La Rochelle (Charente-Inférieure).

Obs. Espèce très-remarquable, et qui n'a pas été revue depuis la publication du mémoire d'A. d'Orbigny. Elle diffère des véritables *Doto,* par ses papilles simples; M. Gray a proposé pour elle le genre *Gellina* (Guide to the syst. distrib. of mollusca, p. 221, 1857).

EOLIS Cuvier.

247. **Eolis papillosa** Linné, Syst. nat., ed. 12ᵉ, p. 1082 (*Limax*). — A. et H., pl. 9. — Fischer, Cat. J. C., t. XV, p. 9.

Hab. La Rochelle (Charente-Inférieure), commun sur la digue de Richelieu.

Obs. Ce Nudibranche est plus connu sous le nom d'*Eolis Cuvieri* Lamarck.

248. **E. Drummondi** Thompson, Report British assoc. for 1843, p. 250. — A. et H., pl. 13. — Fischer, Cat. J. C., t. XV, p. 10.

Hab. Bassin d'Arcachon (Gironde), sur les piles du débarcadère. Août, septembre. — La Rochelle.

Obs. J'ai recueilli souvent cette jolie Eolide ; elle se conserve long-temps dans les bocaux ; ses allures sont vives. La coloration varie sensiblement, les papilles dorsales, disposées en cinq faisceaux, sont le plus souvent d'un rouge vif, l'extrémité seule restant blanche ; mais la teinte rouge est remplacée quelquefois par le rose, le brun, le gris. Voici la succession des couleurs d'une papille (de la base à la pointe) chez un individu que j'ai observé en 1866 : brun-rouge, bleu-azur, gris de lin foncé, gris de lin pâle, rouge-brun, blanc.

Les tentacules inférieurs sont très-longs et d'un rose-de-chair; les tentacules supérieurs sont lamelleux et orangés, le corps est blanc; entre les yeux, on aperçoit une tache rouge longitudinale.

Longueur moyenne : 10 à 12 millimètres.

L'*Eolis Drummondi* est voisin de l'*Eolis coronata* Forbes ; mais cette

3

dernière espèce est encore plus belle, comme j'ai pu m'en assurer en l'examinant sur les côtes de la Manche.

249. **E. Landsburgi** Alder et Hancock. Ann. of nat. hist vol. XVIII, p. 294. — A. et H., pl. 20. — Fischer, Cat. J. C., t. XVII, p. 6.

Hab. Bassin d'Arcachon, sur les huîtres et les pierres, par 5 à 6 brasses. Septembre 1868. C. — La Rochelle (Charente-Inférieure).

Obs. Cette Eolide est extrêmement élégante par sa forme et sa coloration. Le corps est d'un violet tendre et les papilles d'un rouge marron à extrémité blanche, tentacules non lamelleux, queue très-effilée. Le pied porte à sa partie antérieure deux longs tentacules. Les papilles dorsales sont disposées en six rangées composées chacune, d'avant en arrière, de 8, 5, 4, 3, 3, 4 papilles. Longueur, 13 à 15 millimètres.

Animal très-vivace; l'un d'eux, coupé en travers entre la première et la deuxième rangées de papilles, a survécu près de 48 heures et n'a pas cessé de promener sa tête.

250. **E. paradoxa** Quatrefages. Ann. des Sc. nat., 2ᵉ série, t. XIX, p. 274, pl. 11 (*Eolidina*). — A. et H., pl. 23. — Fischer, Cat. J. C., t. XV, p. 10.

Hab. Bassin d'Arcachon, avec la précédente. Septembre 1868.

Obs. L'Eolidine paradoxale de Quatrefages est l'*Eolis angulata* d'Alder et Hancock.

Cette espèce se distingue par la largeur du pied tronqué en avant et l'allongement de ses angles externes; la queue, transparente, est triangulaire, assez large; tentacules inférieurs transparents, à pointe jaune clair; tentacules supérieurs pâles, non lamelleux. Dessus du corps jaune-orange pâle; papilles dorsales assez grosses, rapprochées les unes des autres, marbrées de gris de lin et de blanc, disposées en 8 ou 9 faisceaux. Longueur, 14 à 15 millimètres.

251. **E. grossularia** Fischer, Catal. des Nudibr. et Céphal. J. C., t. XVII, p. 6.

Hab. Bassin d'Arcachon. Septembre 1868.

252. **E. conspersa** Fischer, Catal. des Nudibr. et Céphal. J. C., t. XVII, p. 7.

Hab. Bassin d'Arcachon. C. Septembre 1868.

Obs. Je crois que l'on doit rapporter à cette espèce un dessin publié dans *Le Monde de la Mer*, par Frédol, pl. 11, fig. 7 (1865), sous le nom d'*Eolis Alderiana* Deshayes. Toutes les figures de la planche 11 ont été communiquées par M. Deshayes et représentent des Nudibranches de l'Algérie. L'*Eolis Alderiana* n'a jamais été décrit.

ELYSIA Risso.

253. **Elysia viridis** Montagu, Trans. Linn. Soc., t. VII, p. 76, pl. 7, fig. 1 (*Aplysia*). — B. M., pl. CCC, fig. 3. — Fischer, Cat. J. C., t. XV, p. 11.

Hab. Bassin d'Arcachon (Gironde). R.

Obs. L'Elysie a été découverte à Arcachon par mon ami H. Crosse; elle vit sur les Zostères des crassats et vient nager à la surface de l'eau comme les *Eolis*.

DIPHYLLIDIA Cuvier.

254. **Diphyllidia pustulosa** Schultz, *in* Philippi, Enumer. Moll. Sicil., t. I, p. 106; t II, p. 82, pl. 19, fig. 12. — Vérany, Cat. J. C., t. IV, p. 389. — Fischer, Cat. J. C., t. XVII, p. 8.

Hab. Bassin d'Arcachon. R.

Obs. J'ai déterminé ce remarquable mollusque après l'examen de deux individus faisant partie du Musée d'Arcachon. Le *Diphyllidia pustulosa* paraissait confiné dans la Méditerranée. Philippi lui donne pour synonyme le *Diphyllidia verrucosa* Cantraine, qui me paraît en différer par sa taille, sa coloration et ses tubercules dorsaux.

Longueur, 9-10 centimètres.

255. **D. lineata** Otto, Nov. act. Acad. Leop. nat. cur. vol. X, p. 121, pl. 7, fig. 1. — Vérany, Cat. J. C., t. IV, p. 389. — Fischer, Cat. J. C., t. XVII, p. 8.

Hab. La Rochelle (Charente-Inférieure). R.

Obs. Un seul exemplaire, mais encore vivant, a été apporté à M. Beltrémieux, qui l'a placé dans le Musée Fleuriau où j'ai pu l'examiner.

Le *Diphyllidia lineata* est assez abondant dans la Méditerranée. Il a été cité sur les côtes de Norwége et de la Grande-Bretagne par Loven, Forbes et Hanley, mais on considère l'espèce du Nord comme distincte, sous le nom de *Diphyllidia Loveni* Bergh.

PLEUROBRANCHUS Cuvier.

256. **Pleurobranchus plumula** Montagu, Test. Brit., p. 214, pl. 15, fig. 9 (*Bulla*). — B. M., pl. 114 F, fig. 6-7. — Petit, Cat. J. C., t. VIII, p. 245.

Hab. Ile de Noirmoutiers (Vendée). — Ile de Ré (Charente-Inférieure).

Obs. Je soupçonne que M. Aucapitaine a désigné celte espèce sous le nom de *Pleurobranchus aurantiacus*

M. Cailliaud indique dans la baie de Bourgneuf, vis-à-vis de l'île de Noirmoutiers, un *Pleurobranchus Forskalii* Delle Chiaje, forme méditérranéenne très-intéressante et qu'on devra sans doute retrouver dans le golfe de Gascogne.

APLYSIA Linné.

257. **Aplysia marmorata** Blainville, Journ. de phys., t. XCVI, p. 286, fig. 3-4, 1823. — Rang, Aplysiens, pl. 12, fig. 6-9.

Hab. Biarritz (Basses-Pyrénées). — Royan, La Rochelle (Charente-Inférieure).

Obs. 1. Je n'ai pas trouvé cette espèce, mais elle a été figurée par Rang, d'après des exemplaires de l'ouest de la France. Elle est plus petite que l'*Aplysia depilans ;* sa couleur est d'un vert obscur marbré de noir.

Obs. 2. Blainville cite, des environs de Bayonne, une nouvelle espèce d'Aplysie qu'il appelle *Aplysia unicolor* (Journ. de phys., t. XCVI, p. 287). Rang suppose que c'est un jeune individu, décoloré, d'une autre espèce de nos côtes.

J'ai vu, dans le bassin d'Arcachon, une Aplysie se rapportant à l'*Aplysia punctata* de Cuvier, Rang, etc.; mais n'en ayant pas fait un examen approfondi, je ne puis l'inscrire sous ce nom. Elle est indiquée, par MM. Aucapitaine et Beltrémieux, sur les côtes de la Charente-Inférieure.

M. Mac-Andrew a trouvé, sur les côtes du nord de l'Espagne et du Portugal, un *Aplysia Pattersoni* qui m'est inconnu, mais dont la coquille se rapproche beaucoup de celle de l'*Aplysia fasciata*, quoique moins large. Elle est de même taille.

BULLŒA Lamarck.

258. **Bullœa scabra** O. Muller, Zool. Dan., vol. II, pl. 71, fig. 11-12 (*Bulla*). — B. M., pl. 114 E, fig. 4-5. — Taslé, Cat. Morbihan, 2ᵉ éd., p. 44.

Hab. Dragué au large, en dehors du bassin d'Arcachon (Gironde).

Obs. Coquille très-élégante et dont la distribution géographique est très-étendue. Aucun auteur français ne l'a signalée sur notre littoral, à l'exception de M. Taslé.

259. **B. catena** Montagu, Test. Brit., p. 215, pl. 7, fig. 7 (*Bulla*).
— B. M., pl. 114 E, fig. 6-7. — Cailliaud, Cat. Loire-Infér.,
p. 194.

Hab. Avec l'espèce précédente. — Golfe de Gascogne.

Obs. Cette Bullée a été recueillie dans le Morbihan (Taslé) et la Loire-Inférieure (Cailliaud). M. Mac-Andrew ne l'a draguée que dans la Manche.

BULLA Linné.

260. **Bulla nitidula** Loven, Index Moll. scand., p. 10 (*Cylichna*).
— B. M., pl. 114 c, fig. 6. — Taslé, Faune mal. mar. sud-ouest
France, p. 66.

Hab. Golfe de Gascogne (de Folin). R.

Obs. Espèce boréale, très-rare jusqu'à présent sur les côtes de France. Elle vient d'être récemment trouvée dans la Méditerranée.

261. **B. umbilicata** Montagu, Test. Brit., p. 222, tab. 7, fig. 4.
— B. M., pl. 114 C, fig. 8-9. — Cailliaud, Cat. Loire-Infér.,
p. 191.

Hab. Dragué au large, dans le golfe de Gascogne, par 15 à 80 brasses (de Folin), et en dehors du bassin d'Arcachon. (Lafont).

262. **B. mamillata** Philippi, Enum. Moll. Sicil., t. I, p. 122,
tab. 7, fig. 20. — B. M., pl. 114 C, fig. 4-5. — Cailliaud, Cat.
Loire-Infér., p. 191.

Hab. Avec l'espèce précédente. R.

263. **B. acuminata** Bruguière, Encyclop. Méth. Vers., t. VI, p. 376,
n° 9. — B. M., pl. 114 B, fig. 3. — Petit, Cat. J. C., t. VIII,
p. 258.

Hab. Dragué au large (de Folin et Lafont).

Obs. Coquille très-rare sur les côtes de France, où elle n'a été recueillie que par M. Taslé à Quiberon.

264. **B. cylindracea** Pennant, British zool., 4e ed., t. IV, p. 117,
pl. 70, fig. 85. — B. M., pl. 114 B, fig. 6. — Petit, Cat. J. C.,
t. IV, p. 429.

Hab. Dragué en dehors du bassin d'Arcachon et dans tous les sables de fond du golfe de Gascogne. — Ile de Noirmoutiers (Vendée).

265. **B. elegans** Leach, A synopsis of the Mollusca of great Bri-
   tain, p. 42 (*Haminea*). — Sowerby, B. S., pl. 20, fig. 19. —
   Taslé, Cat. Moll. Morbihan, 2ᵉ éd., p. 42.

   Hab. Côtes de la Charente-Inférieure. R.

   Obs. Cette espèce a été considérée par la plupart des auteurs français
comme le véritable *Bulla hydatis* L. dont ils distinguaient, à tort, le *Bulla
cornea* Lk. On s'accorde maintenant à identifier les *Bulla hydatis* L. et
cornea Lk., et notre coquille est rapportée à l'*Haminea elegans* Leach.
Elle diffère du *Bulla hydatis* par ses dimensions beaucoup moindres,
son test plus solide, plus étroit, sa bouche moins dilatée, son bord
droit plus épais, etc.

   Le *Bulla elegans* habite toutes les côtes de l'ouest de la France, et
quelques exemplaires ont été recueillis sur les rivages des îles anglo-
normandes; il est commun dans la Méditerranée où il paraît avoir été
décrit comme une nouvelle espèce sous le nom de *Bulla folliculus*
Menke.

266. **B. dilatata** Leach, A synopsis of the Mollusca of great Bri-
   tain, p. 42 (*Haminea*). — Jeffreys, B. Conch., t. IV, p. 439. —
   Cailliaud, Cat. Loire-Infér., p. 193.

   Hab. Ile d'Aix, île de Ré (Charente-Inférieure). — Bassin d'Arcachon.

   Obs. M. Jeffreys, le premier, a indiqué le *Bulla dilatata* à l'île de
Ré; depuis cette époque, M. Le Bahezre l'a retrouvé à l'île d'Aix;
M. Cailliaud l'avait signalé au Croisic (Loire-Inférieure).

   Forbes et Hanley ne l'admettent pas comme une forme spécifique et
croient que cette coquille est un état accidentel ou une monstruosité du
Bulla hydatis L.

267. **B. utriculus** Brocchi, Conchiol. foss. subapenn., t. I, p. 633,
   tab. 1, fig. 6 *a b*. — B. M., pl. 114 D, fig. 8-9.

   Hab. Dragué en dehors du bassin d'Arcachon.

   Obs. On connaît généralement cette espèce sous le nom de *Bulla Cran-
chii* Leach, mais l'appellation de Brocchi s'y applique certainement et
doit être préférée.

JANTHINA Lamarck.

268. **Janthina exigua** Lamarck, Hist. nat. anim. sans vert., 1ʳᵉ éd.,
   t. VI, p. 206. — B. M., pl. 60, fig. 8-9. — Cailliaud, Cat. Loire-
   Inf., p. 144.

Hab. Côtes de la Gironde, poussé par les vents d'Ouest. R. — Charente-Inférieure.

269. **J. nitens** Menke, Syn., p. 84 (1828). — Payraudeau, pl. 6, fig. 1. — Petit, Cat. J. C., t. III, p. 93.

Hab. Rivages de la Charente-Inférieure. (Aucapitaine).

Obs. Je cite cette espèce sous toutes réserves, ne l'ayant jamais recueillie; mais je l'ai vue dans le Musée Fleuriau de La Rochelle.

Les auteurs qui ont traité de notre Faune occidentale admettent tous la présence du *Janthina prolongata* Blainville; c'est sous ce nom que M. Aucapitaine a indiqué l'espèce précitée; mais on confond généralement le véritable *Janthina prolongata* de Blainville (*Janthina globosa* Swainson) avec le *Janthina prolongata* de Payraudeau (*Janthina nitens* Menke). Je crois donc qu'il est préférable de réserver le nom de *nitens* à l'espèce de nos côtes.

270. **J. Britannica** Leach, mss. *in* Forbes et Hanley, British Mollusca, t. IV, p. 260, pl. 133, fig. 1. — Jeffreys, British Conchol., t. IV, p. 186. — Sowerby, B. S., pl. 12, fig. 2.

Hab. Embouchure de la Gironde, à Royan (Charente-Inférieure).

Obs. 1. Plusieurs exemplaires ramassés sur la plage de Royan, par M. Souverbie, sont absolument semblables aux types de Forbes et Hanley et de Sowerby.

Obs. 2. Notre *Janthina communis* (n° 102) est bien figuré dans l'Index de Sowerby, pl. 12, fig. 1.

Il vient s'échouer sur nos côtes, à la suite des vents d'O. En 1867, les plages de la Gironde, des Landes et des Basses-Pyrénées en ont été couvertes pendant les mois de juin et juillet.

Les *Janthina exigua, Britannica* et *communis* étaient pourvus de leurs mollusques vivants lorsqu'on les a ramassés sur le rivage.

CHITON Linné.

271. **Chiton fulvus** Wood, General Conchology, p. 7, pl. 1. fig. 2. — Reeve, Conch. Icon., pl. 7, fig. 39. — Lafont, Notes sur la Faune de la Gironde, n° 60.

Hab. Pointe-de-Courbey, au sud-ouest de l'île aux Oiseaux, dans le bassin d'Arcachon (Gironde). — M. Lafont.

Obs. Cette belle et rare espèce n'a été indiquée jusqu'à présent qu'au nord de l'Espagne et sur les côtes du Portugal.

M. Mac-Andrew a remarqué que ce mollusque était très-vif dans ses mouvements; M. Petit de la Saussaye confirme cette assertion d'après des renseignements communiqués par le commandant Laurencin, qui a observé le *Chiton fulvus* à la Corogne. Je l'ai reçu de Cadix.

PATELLA LINNÉ.

105. **Patella vulgata** LINNÉ, Syst. nat., ed. 12ᵉ, p. 1258. — B M., pl. 61, fig. 5-6. — Petit, Cat. J. C., t. III, p. 73.

HAB. Ilôt de Cordouan; bassin d'Arcachon sur les pierres du débarcadère (Gironde).— Royan, La Rochelle (Charente-Inférieure). — Biarritz, Saint-Jean-de-Luz (Basses Pyrénées).

OBS. Les Patelles sont édules, on les appelle *jambes* ou *bernicles* sur les côtes de le Charente-Inférieure, et *lapa* sur celles des Basses-Pyrénées et du nord de l'Espagne : ce terme de *lapa* rappelle le *Lepas* des anciens.

La forme que j'ai inscrite (n° 106) sous le nom de *Patella athletica* Bean, doit être considérée comme une variété du *Patella vulgata*. Elle est petite, plus ou moins imbriquée et conique, ornée à l'intérieur de couleurs très-vives et d'une tache centrale rouge ou jaune; les bords sont rayés de noir. M. Jeffreys (British Conchology), décrit cette variété sous le nom de Var. *intermedia*; elle relie, en effet, le *Patella vulgata* à l'espèce suivante.

272. **P. Tarentina** LAMARCK, Hist. nat. anim. s. vert., 1ʳᵉ éd. t. VI p. 332. — Delessert, Rec. coq., pl. 23, fig. 7. — Petit, Cat. J. C., t. III, p. 74.

HAB. Biarritz, Saint-Jean-de-Luz, Guétary (Basses-Pyrénées). C₁

OBS. On ne trouve cette Patelle qu'au niveau des plus basses marées; elle est souvent immergée complètement; son polymorphisme est remarquable, et je rangerai ses principales variétés sous quelques titres connus :

α (*Patella Tarentina* Lamarck). Test assez aplati, ovale, côtes longitudinales colorées; interstices des côtes finement striés, bord subdenté; intérieur jaune ou blanchâtre, avec des rayons bruns.

ϐ (*Patella Bonnardi* Payraudeau). Coquille un peu plus élevée que la précédente, côtes plus aiguës; coloration interne rouge au centre.

γ (*Patella athletica* Bean). Coquille déprimée, côtes subimbriquées, pourtour subovalaire.

δ (*Patella aspera* Philippi). Test déprimé, côtes très-élevées, larges, écailleuses; couleur d'un jaune pâle ou blanc à l'intérieur; contour anguleux, subpentagonal.

ε (*Patella scutellaris* Philippi). Coquille mince, très-déprimée, vivement colorée, portant de 5 à 8 côtes; contour très-anguleux, irrégulièrement pentagonal; sommet au tiers de la longueur.

Ces variétés se confondent et donnent des intermédiaires à tous les degrés; on trouve également des passages presque insensibles, reliant le *Patella Tarentina* aux *Patella vulgata* et *Lusitanica*.

273. **P. Lusitanica** GMELIN, Syst. nat., ed. 13, p. 3715. — Payraudeau. (*Pat. punctata*), pl. 3, fig. 6-8. — Petit, Cat. J. C., t. III, p. 74.

HAB. Biarritz, Saint-Jean-de-Luz (Basses-Pyrénées).

OBS. Mollusque très-commun sur les rochers du rivage et s'élevant plus haut que les autres Patelles; il n'est humecté qu'à la pleine-mer. On le trouve en compagnie du *Littorina cœrulescens*.

TECTURA CUVIER.

274. **Tectura virginea** MULLER, Prodrom. zool. Dan., p. 237 (*Patella*). — B. M., pl. 61, fig. 1-2. — Petit, Cat. J. C., t. III, p. 75.

HAB. Biarritz (Basses-Pyrénées), sur les rochers. R.

EMARGINULA LAMARCK.

275. **Emarginula fissura** LINNÉ, Syst. nat., ed. 12ᵉ. p. 1261 (*Patella*). — B. M., pl. 63, fig. 1. — Petit, Cat. J. C., t. III, p. 77.

HAB. Côtes de la Charente-Inférieure.

276. **E. rosea** BELL. Zool. Journ. 1, p. 52, pl. 4, fig. 1. — B. M., pl. 63, fig. 3. — Petit, Cat. J. C., t. VIII. p. 246.

HAB. Avec le précédent.

OBS. Ces deux espèces sont communes sur les rivages du nord-ouest de la France et du nord de l'Espagne.

SCISSURELLA D'ORBIGNY.

277. **Scissurella crispata** FLEMING, Mém. Worn. Soc., t. VI, p. 385, pl. 6, fig. 3. — B. M., pl. 63, fig. 6.

Hab. Golfe de Gascogne, par 40 à 80 brasses; (de Folin).

Obs. M. de Folin m'a envoyé six exemplaires de Scissurelle. Ils se rapportent au *S. crispata*, à l'exception d'un seul, de taille plus grande et de forme plus élancée, qui ressemble au *S. aspera* Philippi. Cette dernière espèce, dont j'ai vu plusieurs individus fossiles, de Rhodes, n'offre pas, à mon avis, de caractères suffisants pour être séparée du *S. crispata*.

Les coquilles très-fraîches sont d'un blanc transparent un peu iridescent, mais non nacrées. La présence de la nacre se constate quand les couches les plus superficielles sont enlevées.

TROCHUS Linné.

278. Trochus granulatus Born, Index Mus. Cæs. Vindob., p. 434. — B. M., pl. 67, fig. 7, pl. 68, fig. 3. — Petit, Cat. J. C., t. III, p. 177.

Hab. En dehors du bassin d'Arcachon, dragué vivant au large. (Lafont). — Côtes de la Charente-Inférieure (Beltrémieux). R.

Obs. Magnifique coquille, qui dépasse par sa taille tous les *Trochus* de nos côtes.

279. T. tumidus Montagu, Test. Brit., p. 280, tab. 10, fig. 4. — B. M., pl. 65, fig. 8-9. — Petit, Cat. J. C., t. III, p. 181.

Hab. Dragué au large, en dehors du bassin d'Arcachon. (Lafont). — Biarritz (Basses-Pyrénées). — Golfe de Gascogne.

280. T. Montagui Wood, Index Testaceol. Suppl., pl. 6, fig. 43. — B. M., pl. 65, fig. 10-11. — Petit, Cat. J. C., t. IV, p. 431.

Hab. Avec le précédent (Lafont, de Folin).

281. T. millegranus Philippi, Enum. Moll. Sicil., t. 1, p. 783, tab. X, fig. 25. — B. M., pl. 66, fig. 9-10. — Petit, Cat. J. C., t. VIII, p. 252.

Hab. Dragué au large dans le golfe de Gascogne (de Folin). R.

Obs. Nos individus ont été pris vivants, mais non adultes.

TURBO Linné.

282. Turbo rugosus Gmelin, Syst. nat., ed. 13ª, p. 3592. — Jeffreys, Brit. Conch., t. III, p. 341. — Petit, Cat. J. C., t. III, p. 182.

Hab. Côtes de la Gironde, des Landes, roulé ; mais vivant à Biarritz (Basses-Pyrénées).

Obs. M. Mac-Andrew l'a dragué sur le rivage des Asturies ; il est très-commun à Santander.

D'après un catalogue manuscrit, de M. Gand de Lorient, cité par M. Taslé, le *Turbo rugosus* aurait été recueilli dans le département du Morbihan.

Enfin, M. Jeffreys rappelle que la même espèce a été indiquée par le Capitaine Laskey, sur les côtes O. de l'Angleterre.

Quoique ce *Turbo* ne soit pas plus indigène dans les Landes, la Gironde, le Morbihan que dans la Grande-Bretagne, il est intéressant de voir à quelle distance de son *habitat* naturel, une coquille peut être transportée.

Deux exemplaires vivants, provenant de Biarritz, ont été placés dans l'Aquarium d'Arcachon, en 1867 : le dessous du pied est rose-orangé ; le muffle et les côtés du corps sont couverts de raies d'un brun noirâtre très-foncé sur un fond rose ; les tentacules sont d'un rouge-acajou, leur surface est lisse ; les filaments du manteau sont de couleur blanche. Animal lent, montant au-dessus du niveau de l'eau, comme la plupart des *Trochus*.

CYCLOSTREMA Marryat.

283. **Cyclostrema striatum** Philippi, Enumer. Molluscorum Sicil., t. I, p. 147, tab. 9, fig. 3 (*Valvata*). — Jeffreys, Brit. Conch., t. III, p. 315. — Taslé, Cat. Morbihan, 2ᵉ éd., p. 36.

Hab. La plage en dehors du bassin d'Arcachon, à la Garonne ; Banc-Blanc, à l'intérieur du bassin (Gironde).

Obs. M. Lafont a découvert cette rare coquille, dont les caractères génériques sont très-ambigus. Décrite d'abord par M. Philippi, sous le nom de *Valvata striata*, elle fut, plus tard, appelée *Delphinula Duminyi* par Requien, et *Adeorbis striata* par S. Wood. Son opercule est cependant très-différent de celui des *Adeorbis* et ressemble à celui des *Trochus*. — M. Jeffreys l'a rapportée à ce dernier genre, mais il m'est impossible d'accepter ce classement, notre espèce n'étant jamais nacrée à l'intérieur.

Le *Cyclostrema striatum* habite la Méditerranée ; il n'a été signalé sur les côtes d'Angleterre que très-récemment par M. Jeffreys. Aucun auteur ne l'indique en France, à l'exception de M. Taslé, qui l'a recueilli sur les côtes du Morbihan.

284. **C. serpuloides** Montagu, Test. Brit. Suppl., p. 147, tab. 21,
    fig. 3. (*Helix*). — B. M., pl. 74, fig. 4-6. — Cailliaud, Cat.
    Loire-Infér., p. 159.

Hab. Golfe de Gascogne; dragué au large par 40 à 80 brasses
(de Folin). R.

285. **C. nitens** Philippi, Enumer. Moll. Sicil., t. II, p. 146, pl. 25,
    fig. 4 (*Delphinula*). — B. M., pl. 73, fig. 3-4. — Jeffreys, Brit.
    Conch., t. III, p. 289.

Hab. Avec le précédent.

TRUNCATELLA Risso.

286. **Truncatella truncata** Montagu, Test. Brit., t. II, p. 300,
    pl. 10, fig. 7. — B. M., pl. 10, fig. 7. — Petit, Cat. J. C., t. III,
    p. 88.

Hab. La Pointe-de-Grave (Gironde); le bassin d'Arcachon, au Phare,
à Picquey (Lafont). — Charente-Inférieure.

Obs. M. Gassies m'a signalé la présence du *Truncatella* sur nos côtes;
M. Cailliaud l'a trouvé au Croisic (Loire-Inférieure).

RISSOA Fréminville.

287. **Rissoa vitrea** Montagu, Test. Brit., t. II, p. 321, pl. 12, fig. 3
    (*Turbo*). — B. M., pl. 75, fig. 5-6. — Taslé, Cat. Morbihan,
    2° éd., p. 34.

Hab. Golfe de Gascogne (de Folin). R.

Obs. Coquille que l'on trouve rarement vivante. En France, elle n'a
été recueillie, à ma connaissance, que sur les côtes de la Manche
(Macé) et du Morbihan (Taslé). — M. Mac-Andrew l'indique au nord de
l'Espagne.

288. **R. crenulata** Michaud, Descript. de plus. esp. de coq. du
    genre *Rissoa*, Act. Soc. Linn. Lyon. p. 15, fig. 1-2. — B. M.,
    pl. 79, fig. 1-2. — Petit, Cat. J. C., t. III, p. 85.

Hab. Plages océaniques de la Gironde et de la Charente-Inférieure.

289. **R. abyssicola** Forbes et Hanley, British Mollusca, t. III, p. 86,
    pl. 78, fig. 1-2. — Jeffreys, Brit. Conch., t. IV, p. 19.

Hab. Dragué au large, et par des profondeurs de 40 à 75 brasses, dans
le Golfe de Gascogne (de Folin).

Ons. Cette espèce n'est pas rare à une certaine profondeur ; on l'a trouvée associée aux *Arca pectunculoides, Lima subauriculata*, etc.

290. **R. reticulata** Montagu, Test. Brit , p. 322, tab. 21, fig. 1. (*Turbo*). — B. M., pl. 79, fig. 5-6.

Hab. Dragué au large, par 60 à 80 brasses (de Folin). C.

Obs. D'après M. Jeffreys, le *Rissoa Beani* de Forbes et Hanley est synonyme du *Turbo reticulatus* Montagu.

291. **R. soluta** Forbes et Hanley, British Mollusca, t. III, p. 131, pl. 75, fig. 3-4. — Sowerby, B. S., pl. 14, fig. 2. — Jeffreys, British Conch., t. IV, p. 45.

Hab. Dans les sables recueillis par 40 à 80 brasses, dans toute l'étendue du golfe de Gascogne (de Folin). C.

Obs. La comparaison de mes exemplaires avec ceux des mers d'Angleterre ne me laisse aucun doute au sujet de leur identité. Cette espèce, d'ailleurs, a des caractères tranchés, tels que sa petite taille, sa forme, ses stries transverses, son ombilic, etc. Mais il ne m'est pas démontré que le *Rissoa soluta* des auteurs anglais soit le *Rissoa soluta* de Philippi (Enumer. Moll. Sicil., t. II, p. 130, pl. 23, fig. 18), dont la forme est plus élancée, les tours plus convexes, etc.

Le *Rissoa paludinoides* Calcara, se rapproche beaucoup de notre *soluta ;* malheureusement, je n'ai pu me procurer la description originale de Calcara, et je ne connais l'espèce que d'après les exemplaires de quelques collections de Paris.

Je laisse donc, provisoirement, notre *Rissoa* sous le nom de *soluta*, en attendant que de nouvelles recherches éclaircissent sa synonymie.

292. **R. lactea** Michaud, Descript. de plus. esp. de coq. du genre *Rissoa*, p. 9, fig. 11-12. — B. M., pl. 79, fig. 3-4. — Petit, Cat. J. C., t. III, p. 85.

Hab. Plages océaniques de la Charente-Inférieure (Aucapitaine).

293. **R. cingillus** Montagu, Test. Brit., pl. 12, fig. 7 (*Turbo*). — B. M., pl. 79, fig. 9-10. — Petit, Cat. J. C., t. III, p. 86.

Hab. Biarritz (Basses-Pyrénées). — Recueilli par M. Ch. Des Moulins.

294. **R. inconspicua** Alder, Ann. and Mag. nat. Hist., vol. XIII, p. 328, pl. 8, fig. 6-7. — B. M., pl. 82, fig. 7-9. — Petit, Cat. J. C., t. VIII, p. 247.

(132)

HAB. Dragué au large, dans le Golfe de Gascogne (de Folin).

295. **R. interrupta** ADAMS, Trans. Linn. Soc , t. V, pl. 1, fig. 16-17.
— B. M., pl. 82, fig. 2-4. — Petit, Cat. J. C., t. III, p. 87.

HAB. Bassin d'Arcachon, sur les Zostères. C.

OBS. Les *Rissoa interrupta* et *parva* sont très-communs sur nos rivages, mais ils varient tellement, qu'il est presque impossible de fixer des limites à chaque espèce. On trouve des passages entre les formes les plus extrêmes.

296. **R. semistriata** MONTAGU, Testacea Brit., suppl., p. 136, pl. 21, fig. 5 (*Turbo*). — B. M., pl. 80, fig. 4 et 7. — Cailliaud, Cat. Loire-Inférieure, p. 158.

HAB. Bassin d'Arcachon, vis-à-vis la chapelle (Lafont).

297. **R. Guerini** RÉCLUZ, Rev. zool. par la Soc. Cuvier., p. 7, 1843. — Schwartz v. Mohrenstern, *Rissoa*, p. 43, pl. 3, fig. 34.

HAB. Biarritz, parmi les algues. C. — Arcachon. — Noirmoutiers.

OBS. Très-jolie coquille qui vit dans la Manche, à Boulogne, Cherbourg et Saint-Malo (Récluz).

BARLEEIA CLARK.

298. **Barleeia rubra** ADAMS, Trans. Linn. Soc., t. III, pl. 13, fig. 15 (*Turbo*). — B. M., pl. 80, fig. 3. — Petit, Cat. J. C., t. III, p. 86.

HAB. Biarritz (Basses-Pyrénées). CC. — La Rochelle (Charente-Inférieure).

Ce mollusque est extrêmement abondant parmi les algues.

ASSIMINEA LEACH.

299. **Assiminea littorina** Delle Chiaje, Mem. an. senz. vert. Napol., t. II, p. 135, pl. 71, fig. 36-38 (*Helix*). — B. M., pl. 81, fig. 6-7. — Philippi, Enum. Moll. Sicil., t. II, p. 133, pl. 24, fig. 2.

HAB. Bassin d'Arcachon, dans les crassats (Lafont).

LACUNA TURTON.

300. **Lacuna puteolus** TURTON, Conch. Dictionn., p. 193, fig. 90-91 (*Turbo*). — B. M., pl. 72, fig. 7-9. — Petit, Cat. J. C., t. VIII, p. 255.

HAB. La Rochelle (Charente-Inférieure).

(133)

SKENEA Fleming.

301. Skenea planorbis Fabricius, Fauna Groenl., p. 394 (*Turbo*).
— B. M., pl. 74, fig. 1-3. — Petit, Cat. J. C., t. VIII, p. 251.

Hab. Biarritz (Basses-Pyrénées), parmi les algues.

ADEORBIS S. Wood.

302. Adeorbis subcarinatus Montagu, Test. Brit., p. 438, tab. 7,
fig. 9 (*Helix*). — B. M., pl. 68, fig. 6-8. — Petit, Cat. J. C.,
t. VIII, p. 251.

Hab. Dragué au large, par 20 à 40 brasses (De Folin).

Obs. Le genre *Solarium* sera trouvé probablement sur nos côtes.
Les *Solarium conulus* Weinkauff (*S. luteum* Auct. non Lamarck) et *stra-
mineum* Gmelin, vivent sur les rivages du nord de l'Espagne (Mac-
Andrew).

SCALARIA Lamarck.

303. Scalaria Trevelyana Leach, in Thompson, Ann. Nat. Hist.,
vol. V, p. 245. — B. M., pl. 70, fig. 7-8. — Lafont, Note sur
la faune de la Gironde , n° 76.

Hab. Dragué au large, en dehors du bassin d'Arcachon (Lafont). —
Golfe de Gascogne (de Folin).

Obs. Coquille encore peu commune, à côtes étroites se prolongeant
sous forme de crête au niveau des sutures. Coloration d'un fauve-rosé.

EGLISIA Gray.

304. Eglisia subdecussata Cantraine , Opusc. de zool. et d'anat.
comp., p. 13. 1837 (*Scalaria*). — Cantraine, Mal. méd., pl. 6,
fig. 24. — Hidalgo, Cat. Moll. test. Espagne, p. 130.

Hab. Dragué, en dehors du bassin d'Arcachon, plusieurs exemplaires
vivants (Lafont).

Obs. Coquille à caractères très-ambigus ; les premiers tours portent
des indices de côtes longitudinales ; l'ouverture est assez analogue à celle
des *Chemnitzia* ; l'opercule est paucispiré avec un nucléus latéral,
comme celui des *Scalaria* et *Littorina*.

M. Cantraine a placé son espèce dans le genre *Scalaria* ; M. Benoît l'a
signalée sous le nom de *Cerithium Piragni* ; M. A. Adams l'appelle
Mesalia striata, ainsi que M. Hidalgo.

Cette coquille, depuis que j'en ai vu l'opercule, ne doit pas rester dans le genre *Turritella*, dont l'opercule est concentrique comme celui des *Trochus*. Sur aucun des exemplaires mis à ma disposition, je n'ai aperçu le nucléus apical qui pourrait la rapprocher des *Chemnitzia*, *Mathilda*, etc. Je crois donc qu'on l'inscrira sans inconvénient dans le genre *Eglisia*, dont elle se rapproche par sa coloration.

L'*Eglisia decussata* a été indiqué en Sardaigne, en Sicile, au sud del'Espagne et à Madère.

EULIMA Risso.

305. **Eulima distorta** Philippi, Enumer. Moll. Sicil., t. I, p. 158, pl. 9, fig. 10 (*Melania*). — B. M., pl. 92, fig. 4-6. — Petit, Cat. J. C., t. III, p. 89.

Hab. Bassin d'Arcachon, à Eyrac (Lafont). — Golfe de Gascogne.

306. **E. subulata** Donovan, British Shells, vol. V, p. 172 (*Turbo*). — B. M., pl. 92, fig. 7-8. — Petit, Cat. J. C., t. III, p. 89.

Hab. Dragué au large, en dehors du bassin d'Arcachon (Lafont).

307. **E. polita** Linné, Syst. Nat., ed. 12ᵃ, p. 1241 (*Helix*). — B. M., pl. 92, fig. 1-3. — Petit, Cat. J. C., t. III, p. 89.

Hab. Avec le précédent (Lafont).

308. **E. bilineata** Alder, *in* Forbes et Hanley, Brit. Moll., t. III, p. 237, pl. 92, fig. 9-10. — Jeffreys, British Conch., t. IV, p. 210.

Hab. Rapporté dans des sables de fond pris sur les côtes du département de la Gironde, à une profondeur de 50 à 60 brasses (De Folin).

Obs. Coquille voisine de l'*Eulima subulata*, et qui n'a pas encore été indiquée dans les eaux de notre littoral. M. Jeffreys la cite à Jersey et aux Shetland, Lovén sur les côtes de Norvége, et Martin dans le golfe du Lion.

309. **E. intermedia** Cantraine, Malac. Médit., suppl., p. 14. — Philippi, Enum. Moll. Sicil., t. I, p. 157, pl. 9, fig. 17. — Taslé, Faune Mal. mar. de l'ouest de la France, p. 60.

Hab. Golfe de Gascogne, par 60 à 80 brasses (de Folin). R.

Obs. M. Taslé cite cette Eulime sur les côtes du Morbihan, où elle paraît rare. Philippi l'a figurée sous le nom de *Melania nitida* Lamarck.

(135)

LAMELLARIA Montagu.

310. **Lamellaria perspicua** Linné, Syst. Nat., ed. 12ª, p. 1250 (*Helix*). — B. M., pl. 99, fig. 8-9. — Petit, Cat. J. C., t. IV, p. 430.

Hab. Ile de Noirmoutiers (Vendée). — Ile d'Oléron (Charente-Inférieure).

VELUTINA Blainville.

311. **Velutina capuloidea** Blainville, Man. Malac., pl. 42, fig. 8. — B. M., pl. 99, fig. 4-5. — Petit, Cat. J. C., t. III, p. 92.

Hab. Près de La Rochelle (Charente-Inférieure).

Obs. Ce mollusque, abondant dans les mers polaires, descend le long des côtes occidentales de l'Europe jusqu'à la Méditerranée, où il semble s'éteindre.

CŒCUM Fleming.

312. **Cœcum trachea** Montagu, Test. Brit., t. II, p. 497, pl. 14, fig. 10 (*Dentalium*). — B. M., pl. 69, fig. 4. — Petit, Cat. J. C., t. VIII, p. 246.

Hab. Dans les sables de fond, pris au large près de l'île de Ré (Charente-Inférieure). — Entre l'île Dieu et l'île de Noirmoutiers (Vendée).

313. **C. glabrum** Montagu, Test. Brit., t. II, p. 497 (*Dentalium*). — B. M., pl. 69, fig. 5. — Petit, Cat. J. C., t. VIII, p. 246.

Hab. Avec l'espèce précédente; moins rare. — Côtes du département de la Gironde, dans les sables de fond, pris par 50 à 60 brasses de profondeur (De Folin). — Côtes du département des Landes, vis-à-vis le Cap-Breton.

Obs. Les individus de nos côtes sont plus petits que ceux des mers d'Angleterre Le septum est très-variable; entre la forme d'une demi-sphère jusqu'à celle d'une lentille à peine convexe, on trouve tous les intermédiaires. Épiderme fauve très-clair (de Folin).

ODOSTOMIA Fleming.

314. **Odostomia spiralis** Montagu, Test. Brit., t. II, p. 323, tab. 12, fig. 9 (*Turbo*). — B. M., pl. 97, fig. 2. — Cailliaud, Cat. Loire-Inférieure, p. 170.

Hab. La Rochelle (Charente-Inférieure).

Obs. Cette espèce est indiquée par M Jeffreys à La Rochelle, où elle a

4

été découverte par D'Orbigny père. M. Cailliaud l'a recueillie sur le Plateau du Four, dans les touffes de *Corallina officinalis*.

315. **O. excavata** PHILIPPI, Énum. Moll. Sicil.; t. I, p. 154, tab. 10, fig. 6 (*Rissoa*). — B. M., pl. 97, fig. 3-4. — Cailliaud, Cat. Loire-Infér., p. 170.

HAB. Dragué au large, dans le Golfe de Gascogne (de Folin). R.

OBS. Coquille rare, trouvée par M. Cailliaud sur le Plateau du Four.

316. **O. insculpta** MONTAGU, Test. Brit., suppl., p. 129. — B. M., pl. 96, fig. 6. — Cailliaud, Cat. Loire-Infér., p. 170.

HAB. Avec le précédent, par 60 à 80 brasses (de Folin). R.

OBS. M. Cailliaud cite cette rare espèce au Croisic, et M. Taslé à Quiberon.

317. **O. acuta** JEFFREYS, Ann. and Mag. of nat. Hist., 2e sér., t. II, p. 338. — B. M., pl. 97, fig. 8-9. — Cailliaud, Cat. Loire-Inférieure, p. 169.

HAB. Bassin d'Arcachon (Gironde), golfe de Gascogne.

CHEMNITZIA D'ORBIGNY.

318. **Chemnitzia rufa** PHILIPPI, Enumer. Moll. Sicil., t. I, p. 156, pl 9, fig. 7 (*Melania*). — B. M., pl. 93, fig. 3-4. — Petit, Cat. J. C., t. III, p. 90.

HAB. Golfe de Gascogne, au large. R.

319. **C. fenestrata** JEFFREYS, Ann. nat. Hist., t. II, p. 345 (*Odostomia*). — B. M., pl. 93, fig. 6-7. — Cailliaud, Cat. Loire-Inférieure, p. 167.

HAB. Bassin d'Arcachon. C.

320. **C. elegantissima** MONTAGU, Test. Brit., t. II, p. 298, pl. 10, fig. 2 (*Turbo*). — B. M., pl. 93, fig. 1-2. — Petit, Cat. J. C., t. III, p. 90.

HAB. Bassin d'Arcachon. R.

EULIMELLA FORBES.

321. **Eulimella acicula** PHILIPPI, Enum. Moll. Sicil., t. I, p. 158 (*Melania*). — B. M., pl. 98, fig. 7. — Jeffreys, Brit. Conch., t. IV, p. 171.

Hab. Golfe de Gascogne, dragué au large (de Folin). — Bassin d'Arcachon, à Moulleau (Lafont).

Obs. Nos exemplaires se rapportent à la variété *ventricosa* de M. Jeffreys, considérée par Forbes et Hanley comme une espèce distincte sous
le nom d'*Eulimella affinis* (non Philippi).

322. **E. nitidissima** Montagu, Test. Brit., p. 299, tab. 12, fig. 1
    (*Turbo*). — B. M., pl. 90, fig. 6-7. — Cailliaud, Cat. Loire-
    Inférieure, p. 165.

Hab. Avec l'espèce précédente.

Obs. Les auteurs anglais ont longtemps considéré cette espèce comme
un véritable *Aclis* ; M. Jeffreys la classe dans la section *Eulimella* de
ses *Odostomia*.

323. **E. Scillæ** Scacchi, Notizie int. alle Conch., p. 51, n° 147 (*Me-
    lania*). — B. M., pl. 98, fig. 5-6. — Cailliaud, Cat. Loire-Infé-
    rieure, p. 172.

Hab. Avec les précédents, par 40 à 80 brasses. R.

ACLIS Lovén.

324. **Aclis ascaris** Turton, Conch. Dict., p. 127 (*Turbo*). — B. M.,
    pl. 88, fig. 8. — Cailliaud, Cat. Loire-Inférieure, p. 164.

Hab. Dragué au large dans le golfe de Gascogne (de Folin).

Obs. Cette petite coquille paraît rare sur nos côtes : M. Cailliaud l'a
draguée sur les côtes de la Loire-Inférieure ; M. Taslé à Quiberon, et
M. Macé à Quinéville, près Cherbourg.

325. **A. unica** Montagu, Test. Brit., p. 299, pl. 12, fig. 2 (*Turbo*).
    — B. M., pl. 90, fig. 4-5. — Cailliaud, Cat. Loire-Infér., p. 165.

Hab. Bassin d'Arcachon, à Eyrac. R.

Obs. Quelques exemplaires ont été recueillis sur les côtes du Morbihan
et de la Loire-Inférieure.

MANGELIA Leach.

326. **Mangelia attenuata** Montagu, Test. Brit., p. 266, pl. 9,
    fig. 6 (*Murex*). — B. M., pl. 113, fig. 8-9. — Petit, Cat. J. C.,
    t. III, p. 187.

Hab. Dragué en dehors du bassin d'Arcachon C. (Lafont). — Banc-Blanc, Lagune du Sud, en dedans du bassin.

327. **M. striolata** Scacchi, Cat. Conch. Neapol. 1836, p. 12 (*Pleurotoma*). — B. M., pl. 114 *a*, fig. 1-2. — Cailliaud, Cat. Loire-Infér., p. 186.

Hab. Avec le précédent (Lafont).

328. **M. costulata** Risso, Hist. nat. de l'Europe mérid., t. IV, p. 219. — Kiener sp., pl. 25, fig. 2. — Petit, Cat. J. C., t. III, p. 188.

Hab. Dragué en dehors de l'entrée du bassin d'Arcachon (Lafont).

Obs. Je crois que notre espèce, très-bien représentée dans l'ouvrage de Kiener, est peut-être une forme allongée du *Mangelia nebula* Montagu.

329. **M. lævigata** Philippi, Enum. Mollusc. Siciliæ, t. 1, p. 199, pl. 11, fig. 17 (*Pleurotoma*). — Sowerby, Ill. Ind., pl. 19, fig. 15. — Petit, Cat. J. C., t. VIII, p. 256.

Hab. Avec le précédent (Lafont).

330. **M. nuperrima** Tiberi, Descrizione di alcuni nuovi testacei vivent nel Mediterraneo, p. 14, pl. 2, fig. 9 (*Pleurotoma*). — Lafont, Note sur la Faune de la Gironde, n° 94.

Hab. Avec les précédents.

Obs. Belle espèce, encore peu répandue, caractérisée par ses côtes aiguës. M. Jeffreys la rapproche, à tort, du *Mangelia attenuata*.

331. **M. gracilis** Montagu, Test. Brit., t. 1, p. 267, pl. 15, fig. 5 (*Murex*). — B. M., pl. 114, fig. 4. — Petit, Cat. J. C., t. III, p. 188.

Hab. En dehors des passes du bassin d'Arcachon (Lafont).

332 **M. reticulata** Renieri, Tav. alf. Conch. Adriat., p. 2 (*Murex*). — B. M., pl. 113, fig. 5. — Petit, Cat. J. C., t III, p. 187.

Hab. Avec le précédent.

Obs. M. Lafont (Note sur la Faune de la Gironde), indique sur nos côtes deux espèces, *M. reticulata* et *M. cancellata* Sowerby, qui, pour moi, doivent être réunies sous un même nom.

150 **M. Philberti** MICHAUD, Act. Soc. Linn. Bord., t. III, p. 261,
fig. 2-3 (*Pleurotoma*). — Kiener, sp. Pleur., pl. 24, fig. 4. —
Lafont, Note sur la Faune de la Gironde, n° 96.

HAB. Lagune du Sud, Grand-Banc (bassin d'Arcachon).

OBS. Cette coquille ne constitue qu'une variété assez remarquable du
M. purpurea Montagu.

333. **M. borealis** LOVÉN, Index Moll. lit. Scand. occid. habit., p. 14
(*Pleurotoma*). — B. M., pl. 113, fig. 1-2.

HAB. Dragué au large, en dehors du bassin d'Arcachon R. — Golfe de
Gascogne, par 40 à 80 brasses.

OBS. La plupart des auteurs ont confondu le *Pleurotoma borealis* de
Lovén avec le *Pleurotoma teres* de Forbes, découvert dans la Méditerranée et figuré par Reeve (Conch. Icon. *Pleurotoma* n° 161). Le *Pleurotoma teres* est remarquable par son canal grêle et allongé ; la même partie est courte chez le *Pleurotoma borealis*, comme Lovén l'avait fait remarquer. Il faut donc adopter pour la coquille figurée par Forbes,
Hanley et Sowerby, le nom proposé par Lovén, à l'exclusion de celui de
Forbes, édité antérieurement, mais appliqué à une coquille différente.

Le *Mangelia borealis* a tout-à-fait l'aspect d'un véritable Pleurotome
et se distingue ainsi de la plupart des *Mangelia* et *Defrancia*.

334. **M. elegans** SCACCHI, Notizie, p. 43, n° 129, tab. 1, fig. 18
(*Pleurotoma*). — Philippi, Enum. Moll. Sicil., t. II, p. 168,
pl. 26, fig. 5.

HAB. Dragué vivant au large, dans le golfe de Gascogne (de Folin).

OBS. 1. M. Mac-Andrew a recueilli cette espèce remarquable dans les
parages des Asturies, de la Corogne et de la baie de Vigo.

OBS. 2. Le *Mangelia turricula* Montagu, a été trouvé, roulé, sur les
côtes de la Gironde, au poste de la Garonne, par M. Lafont. Cette espèce
est septentrionale et ne dépasse guère, au Sud, le littoral de la Manche.
Je ne puis cependant m'empêcher de la mentionner, à cause du nombre
relativement considérable d'espèces du Nord, qui s'étendent jusque sur
nos rivages.

OBS. 3. A l'exemple de Forbes et Hanley, j'ai classé tous les Pleuro-
tomes de nos côtes dans le genre *Mangelia*. Cependant, il serait utile
de les grouper en plusieurs sous-genres : 1° DEFRANCIA : *D. gracilis*,

reticulata, linearis, purpurea; 2° MANGELIA : *M. attenuata, striolata, costulata, lævigata, nuperrima, septangularis, costata, brachystoma;* 3° BELA : *B. rufa;* 4°, et 5° groupes à créer pour les *Mangelia elegans* et *borealis.*

NASSA LAMARCK.

335. **Nassa corniculum** OLIVI, Zool. Adriat., p. 144 (*Buccinum*). — Kiener sp., pl. 17, fig. 61-62. — Petit, Cat. J. C., t. III, p. 200.

HAB. Saint-Jean-de-Luz (Basses-Pyrénées), dans les rochers au-dessous du fort Sainte-Barbe (Mabille).

OBS. M. Mac-Andrew a rapporté le *N. corniculum,* du nord de l'Espagne.

160. **N. trifasciata** A. ADAMS, Proceed. Zool. Soc. London, p. 113 (1851). — Fischer, Journ. Conchyl., t. X, p. 37; et t. XI, p. 82, pl. 2, fig. 6 (Var. *Gallandiana*).

HAB. En dehors du bassin d'Arcachon, dragué vivant (Lafont).

OBS. Nous possédons une douzaine d'exemplaires, en très-bon état, de cette belle espèce, découverte sur les côtes du Portugal par M. Mac-Andrew. Elle a été retrouvée au nord et au sud de l'Espagne et à Mogador.

La comparaison d'un grand nombre d'individus avec le *Nassa Gallandiana* Fischer, m'a convaincu de leur identité spécifique. Le *Nassa trifasciata* est plus globuleux, sa coloration est plus foncée, sa spire un peu plus courte; le *Nassa Gallandiana* est plus élancé et pourvu de zones d'un fauve-pâle sur un fond blanc.

On pourra inscrire cette dernière forme sous le titre de variété.

Le *Nassa trifasciata* appartient au groupe du *Nassa corniculum* et s'y relie par des intermédiaires très-remarquables. Je le considère comme identique au *Nassa semistriata* Brocchi sp., coquille très-commune dans les sables pliocènes et les faluns qui, si cette hypothèse est acceptée, devra prendre définitivement le nom proposé par Brocchi.

157. **N. nitida** JEFFREYS, British Conchology, vol. IV, p. 349. — Cailliaud, Cat. Loire-Infér., p. 181. — Taslé, Faune mal. mar. de l'ouest de la France, p. 87.

HAB. Bassin d'Arcachon. C. C.

Obs. M. Jeffreys a créé récemment un nouveau nom pour les *Nassa reticulata* à côtes longitudinales moins nombreuses, à ouverture violacée, à surface lisse et brillante, etc. Le *Nassa nitida* vit seul à l'intérieur du bassin d'Arcachon; le vrai *Nassa reticulata* est dragué en dehors du bassin; je crois donc que la nouvelle espèce n'est qu'une variété toute locale. M. Cailliaud la cite dans son Catalogue, sous le titre de *N. prismatica;* mais cette dernière espèce est bien différente et ne vit que dans la Méditerranée.

FUSUS Lamarck.

336. **Fusus gracilis** Alder, Moll. Northumb. and Durh., p. 63. — B. M., pl. 103, fig. 3. — Petit, Cat. J. C., t. III, p. 189.

Hab. Plages océaniques de la Gironde.

Obs. On trouve assez souvent cette coquille sur nos rivages, mais je ne l'ai pas vue pourvue de son animal. Elle a été longtemps confondue avec le *Fusus Islandicus* Chemnitz, grande et rare espèce des mers les plus froides de l'Europe. Elle est allongée, et sa spire forme une sorte de bouton comparable au mamelon spiral des Volutes.

162. **F. Jeffreysianus** Fischer, Journ. de Conchyl., t. XVI, p. 37. — Jeffreys, British Conchol., t. IV, p. 340. — Taslé, Faune mal. mar. de l'ouest de la France, p. 81.

Hab. Toutes les côtes du sud-ouest de la France, depuis l'embouchure de la Loire jusqu'à l'Espagne. C.

Obs. 1. M. Jeffreys a décrit cette coquille en la rapportant au *Fusus buccinatus* de Lamarck, qui est une forme sénégalaise bien distincte. Je l'avais moi-même confondue avec le *Fusus propinquus* dont elle se rapproche à quelques égards.

Le *Fusus Jeffreysianus* a été dragué vivant en dehors du bassin d'Arcachon; M. Cailliaud le signale entre Belle-Ile et le Plateau du Four; et il n'est pas rare sur le littoral de l'Irlande.

Obs. 2. M. Lafont a ramassé sur la plage de la Garonne (poste de douane, situé sur l'Océan, au nord du Cap Ferret), un exemplaire du *Fusus Berniciensis* King, coquille très-rare du nord de l'Ecosse. La même espèce aurait été draguée à Port-Louis (Morbihan), d'après une communication inédite de M. Taslé. Il est donc probable qu'elle sera, plus tard, inscrite au nombre des mollusques indigènes de la France.

MUREX Linné.

337. Murex Edwarsi Payraudeau , Catalogue Descr. et Méth. des Annélides et des Mollusques de l'île de Corse, p. 155, pl. 7. fig. 19-20 (*Purpura*). — Kiener sp., pl. 46, fig. 4. — Petit, Cat. J. C., t. III, p. 193.

Hab. Le littoral des Basses-Pyrénées, dans les rochers, à Biarritz, Guétary, Saint-Jean-de-Luz (Souverbie). — Roulé sur les côtes de la Gironde, à Vieux-Soulac (Des Moulins).

Obs. Mollusque très-commun dans le fond du golfe de Gascogne ; M. Mac-Andrew l'a trouvé au nord de l'Espagne (Asturies).

338. M. aciculatus Lamarck, Hist. nat. anim. s. vert., 1re éd., t. VII, p. 176.—B. M., pl. 102, fig. 5-6.—Petit, Cat. J. C., t. III, p. 191.

Hab. Biarritz (Basses-Pyrénées).

Obs. Le *Murex aciculatus* de Lamarck est synonyme de *Murex corallinus* Scacchi (Philippi, t. II, p. 178, pl. 25, fig. 29).— Il a été trouvé sur les côtes du Finistère (Collard), du Morbihan (Taslé) et de la Manche (Macé). — Le type de Lamarck provient du Morbihan.

TROPHON Montfort.

339. Trophon muricatus Montagu, Testacea Brit., vol. I, p. 262, pl. 9, fig. 2 (*Murex*). — B. M., pl. 111, fig. 3-4. — Petit, Cat. (*Fusus*) J. C., t. IV, p. 431.

Hab. Plages océaniques de la Gironde. Roulé.

Obs. M. Cailliaud l'a dragué vivant sur le rocher du Four, à l'embouchure de la Loire.

CÉPHALOPODA

SEPIA Linné.

340. Sepia Filliouxi Lafont, Bulletin de l'Ass. scient. de France, n° 81. 1868. — Vérany Céphal. de la Médit., pl. 25. — Fischer, Cat. J. C., t. XVII, p. 9.

Hab. Bassin d'Arcachon. C. C.

Obs. Grande et belle espèce de Sèche dont l'animal et le sépion se rapprochent du *Sepia officinalis*. Le sépion s'en distingue par les

caractères de sa face ventrale. Il est moins bombé, et les tries trans-
versales ondulées, concentriques à la pointe, commencent en avant de la
moitié de sa longueur totale. — Elle arrive au printemps dans le bassin
d'Arcachon, tandis que le véritable *Sepia officinalis* paraît en automne.

Outre la figure citée de Forbes et Hanley, le *Sepia officinalis* est bien
représenté dans Férussac et d'Orbigny, Céphalopodes, pl. 2, fig. 4-5 ;
Cuvier, règne animal, édition Deshayes, Mollusques pl. V, fig. 1.

Les différences précitées entre les deux espèces persistent sur les
sépions des mâles et des femelles. Pour plus de détails, je renvoie à la
note de M. Lafont (Journ. de Conchyl., t. XVII, p. 11. 1869).

Le *Sepia Filliouxi* a été signalé à Boulogne-sur-Mer (Lafont), dans le
bassin d'Arcachon (Lafont), et dans la Méditerranée (Vérany).

341. S. Orbignyana Férussac. *in* d'Orbigny, Tabl. Méth. Céphal.
   Ann. sc. nat., p. 66 (1826). —Férussac et d'Orbigny, Hist. nat.
   Céphal. pl. 5, fig. 1-2. — Fischer, Cat. J. C., t. XV, p. 14.
   Hab. Ile de Noirmoutiers (Vendée) —Ile de Ré, La Rochelle (Charente-
Inférieure). — Vieux-Soulac, la Garonne (Gironde). — Biarritz, Saint-
Jean-de-Luz (Basses-Pyrénées). C.

Ons. Cette espèce, si abondante sur tous les rivages du sud-ouest de la
France, est commune dans la Méditerranée ; Vérany l'a nommée *Sepia
elegans*, (Céph. Méd., pl. 26, fig. a-c), en attribuant ce nom spécifique
à Blainville ; mais il n'est pas démontré que le *Sepia elegans* Blainville
(1827), soit le *Sepia elegans* d'Orbigny (1826) ; aussi, me semble-t-il
préférable d'adopter le nom proposé par Férussac.

Le *Sepia Orbignyana* a été indiqué sur les côtes de la Loire-Inférieure et du Morbihan.

Quoique les sépions soient abondants sur notre littoral, je n'ai jamais
vu l'animal ; d'Orbigny l'a observé, vivant, à La Rochelle.

342. S. rupellaria d'Orbigny, *in* Férussac, Hist. nat. génér. et part.
   des Céphal. acétabul., p. 274, pl. 3, fig. 11-13. — B. M., pl. P,
   P, P, fig. 2. — Fischer, Cat. J. C., t. XV, p. 14.
   Hab. Ile de Noirmoutiers (Vendée). — La Rochelle (Charente-Inférieure). — La Garonne (Gironde). R.

Ons. 1. Petite Sèche qui me paraît bien distincte, par son sépion, de la
précédente. Je ne l'ai pas observée vivante, mais je suis persuadé de son
identité avec le *Sepia biserialis* de Vérany (Céphal. Méd., pl. 26,
fig. f-k), et peut-être avec le *Sepia elegans* d'Orbigny *non* Vérany.

(144)

Le nom de *Sepia biserialis* est attribué à Montfort par suite d'une
erreur de Vérany. Montfort n'a jamais décrit de *Sepia biserialis,* mais
Lamarck a établi une variété β de son *Sepia officinalis,* ainsi caractérisée : « *Cotyledonibus brachiorum biserialibus.* » La variété de Lamarck
est peut-être bien le *Sepia rupellaria* d'Orbigny (*biserialis* Vérany) ; mais
Montfort, en l'élevant au rang d'espèce, sous le nom de Sèche truittée
(Céphal., p. 265), paraît avoir figuré et décrit non pas une Sèche, mais
un *Sepioteuthis.*

La confusion est tellement manifeste que l'on doit, pour cette espèce
comme pour la précédente, adopter les noms de Férussac et d'Orbigny.

OBS. 2. J'ai vu, dans le Musée de La Rochelle, les sépions de deux
autres *Sepia,* ramassés sur les côtes de la Charente-Inférieure. Ils sont
étiquetés *Sepia papillata* d'Orbigny, et *Sepia elongata* d'Orbigny. Le sépion rapporté à la première espèce est ovale et large, celui attribué à la
seconde est étroit et allongé. Ces sépions ont été conduits par les courants, et leurs mollusques n'approchent probablement pas de notre littoral ; je crois qu'on doit les rapporter aux *Sepia tuberculata* Lamarck, du
cap de Bonne-Espérance, et *Sepia Bertheloti* d'Orbigny, des Canaries.

LOLIGO LAMARCK.

343. **Loligo subulata** LAMARCK, Mém. Soc. Hist. nat. Paris, t. 1,
     p. 15 (1799). — B. M., pl. Q, Q, Q, fig. 1. — Fischer, Cat. J. C.,
     t. XV, p. 14.

HAB. Côtes de la Vendée, de la Charente-Inférieure. — Basses-Pyrénées, près de l'embouchure de la Bidassoa, etc.

344. **L. vulgaris** LAMARCK, Mém. Soc. hist. nat. de Paris, p. 11
     (1799). — Vérany, Céphal. de la Médit., pl. 34. — Férussac et
     d'Orbigny, Céphal., pl. 22, fig. 1.

HAB. Bassin d'Arcachon et toutes les côtes du sud-ouest de la France.

OBS. Sous le titre de *Loligo vulgaris,* on a compris plusieurs formes
zoologiques distinctes.

M. Steenstrup conserve le nom de *Loligo vulgaris* au type le plus
commun de la Méditerranée. Le corps est gros et large, les yeux sont
énormes ; la nageoire large, à angles latéraux assez aigus, atteint presque les trois-quarts de la longueur du corps ; les massues des bras
tentaculaires, très-développées, portent deux rangées internes de très-
grosses ventouses bordées chacune, en dehors, par une rangée de ventouses très-petites.

Le vrai *Loligo vulgaris* a été figuré exactement par Salviani (*Aquat. anim. hist.*, p. 169, 1554) d'après un exemplaire de la Méditerranée. Cette figure est reproduite dans Aldrovande.

J'ai attribué à cette espèce le nom de *Loligo pulchra* Blainville; mais cette détermination doit être changée, ainsi que la synonymie des *Loligo* des côtes de France telle qu'elle est énoncée dans le Journal de Conchyliologie (t. XV et t. XVII).

On a recueilli le *Loligo vulgaris* sur divers points de l'Océan; quoiqu'il soit surtout abondant dans la Méditerranée, M. Malm (Nya Fiskar, Kräft-och blöt-djur för Skandinaviens Fauna, p. 132, 1860), l'indique sur les côtes de Norwége.

176. **L. Forbesi** STEENSTRUP, Kong. Danske videnskabern. Selsk. Skrifter, etc., 1856. — B. M., tab LLL. — H. and A. Adams, Genera of recent moll., pl. 4, fig. 3.

HAB. Toutes les côtes du sud-ouest de la France.

OBS. M. Steenstrup a donné le nom de *Loligo Forbesi* au Calmar de l'Océan. Il suffit de les comparer pour remarquer les principales différences. Le *Loligo Forbesi* est plus grêle, ses yeux sont plus petits et plus écartés; les ventouses des bras tentaculaires sont moins grosses sur les rangées internes. Vérany, d'après une communication de Férussac, parle de ces différences sans les vérifier de nouveau : « Le *vulgaris* de la Méditerranée n'est pas identique avec celui de l'Océan; car ce dernier est toujours d'un rouge brique; sa massue est plus petite, et la disproportion des cupules qu'elle porte est bien moindre. » (*Céphal. de la Médit.*, p. 92).

Jusqu'à présent, le *Loligo Forbesi* paraît propre à l'Océan; il a été pris sur les côtes d'Angleterre (Forbes) et de Scandinavie (Malm).

La planche 8 de Férussac et d'Orbigny, représente probablement un Calmar femelle; mais je ne sais si on doit le rapporter au *Loligo vulgaris*, au *Loligo Forbesi*, ou à une autre espèce inédite. Ses nageoires sont très-obtuses latéralement, et les cellules chromatophores paraissent très-petites.

345. **L. pulchra** BLAINVILLE, Dictionn. des Sc. nat., t. XXVII, p. 144. — Blainville, Faune Française, p. 17.

HAB. Bassin d'Arcachon, Septembre. — Embouchure de la Loire.

OBS. En appelant *Loligo pulchra* le vrai *Loligo vulgaris*, j'ai été induit en erreur par la description confuse de Blainville qui, après avoir déclaré

(146)

(*loc. cit.*, p. 143), que les nageoires du *Loligo vulgaris* atteignent les
deux tiers de la longueur totale, décrit ainsi le *Loligo pulchra* (p. 144) :

« Corps cylindrique pourvu de nageoires plus longues et plus larges que
dans le Calmar commun; leur longueur est, en effet, à celle du corps
comme 1 : 2, tandis que dans celui-ci, le rapport est de 2 : 3; couleur
beaucoup plus vive, variée de taches grandes, rondes et d'un rouge-
brun. J'ai vu deux individus de cette jolie espèce qui avaient trois pou-
ces de long. Elle se distingue très-bien du Calmar commun dont j'ai vu
des individus de toutes les tailles. »

Il est impossible d'admettre qu'un Calmar, dont les nageoires atteignent la longueur de la moitié du corps, ait ces parties plus longues que
chez le Calmar commun, où elles atteignent les deux tiers.

Or, nous n'avons sur nos côtes qu'une seule espèce de Calmar, dont
les nageoires égalent la longueur de la moitié du corps; c'est celui que
j'ai identifié avec le *Loligo Bertheloti* Vérany (Journ. de Conchyliologie,
t. XVII, p. 9), et qui n'en diffère peut-être pas, sinon par sa taille plus
considérable. Le corps est cylindrique; la tête courte, tout d'une venue
avec le sac.

D'Orbigny considérait le *Loligo pulchra* comme un jeune *vulgaris*,
mais la longueur proportionnelle des nageoires exclut cette assimilation.
D'ailleurs, d'Orbigny a représenté le *Loligo Bertheloti* sous le nom de
Loligo vulgaris jeune (pl. 22, fig. 2-3). — Vérany a caractérisé le *Loligo
Bertheloti* (pl. 36, fig. H. K); il resterait donc à savoir si le *pulchra* et
le *Bertheloti* sont identiques; le corps de ce dernier ne dépasse pas
30 millimètres; celui du *L. pulchra*, que M. Lafont et moi avons exa-
miné, atteint 75 millimètres; mais on peut se demander si Vérany a
observé des individus adultes.

OMMASTREPHES d'Orbigny.

346. Ommastrephes todarus Delle Chiaje, Memor. sulle notom.
delle anim. senza vert., t. IV, tab. 60 (*Loligo*).—B. M., pl. RRR,
fig. 2. — Fischer, Cat. J. C., t. XV, p. 15.

Hab. Littoral du sud-ouest.

Obs. Ce Céphalopode, ainsi que l'*O. sagittatus*, ne paraît sur nos rivages que très-accidentellement en hiver. Il est rare sur les côtes d'Angleterre et dans la Méditérranée. Je crois que l'*Ommastrephes Bartrami*
Lesueur, a été également recueilli dans le bassin d'Arcachon.

SPIRULA Lamarck.

347. Spirula Peroni Lamarck, Hist. nat. anim. s. vert., 1re éd.,
t. VII, p. 601. — Sow., B. S., pl. 20, fig. 31. — Fischer, Cat.
J. C., t. XV, p. 15.

Hab. La Rochelle (Charente-Inférieure). — Côtes de la Gironde.
Obs. Les coquilles de Spirules nous sont apportées par les vents de
S.-O., mais elles sont rares. On les ramasse plus fréquemment au nord
de l'Espagne, à Saint-Sébastien (Guipuzcoa), Gijon (Asturies), Santander (Santander); enfin elles sont communes aux Açores, aux Canaries
et sur la côte O. de l'Afrique. L'animal ne vit probablement que sous les
tropiques; aussi le genre Spirule ne peut être considéré comme indigène des côtes de France, pas plus que quelques *Janthina*, *Teredo* et
certains *Analifa* qui nous sont apportés sur des corps flottants.

CHAPITRE VII.

DISTRIBUTION GÉOGRAPHIQUE.

La distribution géographique des Mollusques marins des mers d'Europe a fait, dans ces dernières années, de grands progrès, consignés
surtout dans les ouvrages de MM. Jeffreys (1), Weinkauff (2) et Hidalgo (3).
Les résultats que j'avais énoncés, relativement à la distribution géographique des Mollusques du sud-ouest de la France, ont été modifiés par
des découvertes récentes. En effet, chaque jour, on trouve, dans les mers
d'Angleterre des espèces considérées jusqu'alors comme méditerranéennes, et dans la Méditerranée, des coquilles de la Faune celtique. La continuité des deux Faunes par l'intermédiaire de la Faune lusitanienne est
pour moi un fait acquis, et je suis persuadé que les anomalies dans la
distribution de quelques espèces considérées comme localisées sur des
points restreints des îles Britanniques et de la Méditerranée, cesseront
par la découverte des stations intermédiaires sur les côtes de France.
Bon nombre des mollusques de ce supplément comblent déjà une partie
de ces lacunes.

En réunissant tous les mollusques du sud-ouest, et après avoir
supprimé les Nudibranches, et quelques coquilles dont la distribution

---

(1) *British Conchology*, vol. II-IV.
(2) *Die Conchylien des Mittelmeeres*, vol. I et II. (1867-68.)
(3) *Catalogue des Mollusques testacés marins des côtes de l'Espagne et des îles
Baléares* (Journ. de Conchyl. 1867).

géographique n'est pas encore suffisamment établie, ainsi qu'un certain nombre d'espèces qui me paraissent douteuses (*Mactra elliptica*, *Arca cardissa*, *Fissurella neglecta*), on compte environ 326 espèces.

Sur ce nombre, 277, c'est-à-dire les 6/7, sont communes aux mers d'Angleterre et à la Méditerranée.

Les espèces ne dépassant pas au S. le cap Finistère ou le Portugal, et qui ont par conséquent un *habitat* boréal, sont au nombre de 17 :

	Limite extrême au Sud.
Pholas papyracea	Gironde.
Saxicava rugosa	Nord de l'Espagne.
Myaar enaria	Basses-Pyrénées.
— *truncata*	Charente-Inférieure.
Mactra solida	Nord de l'Espagne.
Psammobia tellinella	Id.
Cyprina Islandica	Gironde.
Auricula bidentula	Id.
Lacuna pallidula	Id.
— *vincta*	Id.
— *puteolus*	Nord de l'Espagne.
Littorina rudis	Portugal (1).
Mangelia rufa	Gironde.
Buccinum undatum	Id.
Fusus antiquus	Id.
— *gracilis*	Id.
— *Jeffreysianus*	Basses-Pyrénées.

On pourrait y ajouter les *Fusus Berniciensis* et *Mangelia turricula* ; mais ils n'ont pas été recueillis avec leur mollusque et ont pu être apportés par les courants du Nord.

Les espèces ne dépassant pas, au nord, la pointe du département du Finistère, et qui ont un habitat méridional, sont au nombre de 31 :

	Limite extrême au Nord.
Mesodesma cornea	Finistère.
Cardium paucicostatum	Charente-Inférieure.
Kellia Mac-Andrewi	Gironde.
Syndesmya segmentum	Morbihan.
Lucina reticulata	Loire-Inférieure.
Mytilus minimus	Id.
Crenella Pelagnœ	Id.
Lithodomius caudigerus	Basses-Pyrénées.
Leda commutata	Gironde.
Ostrea cochlear	Id.

---

(1) H. Hidalgo indique cette coquille aux îles Baléares. Est-elle bien indigène dans cette localité ?

	Limite extrême au Nord.
Dentalium novemcostatum. . . .	Finistère.
Chiton fulvus	Gironde.
Patella punctata	Basses-Pyrénées.
Fissurella gibba	Loire-Inférieure.
Turbo rugosus.	Gironde.
Scalaria crenata.	Id.
— *lamellosa.*	Finistère.
Eglisia subdecussata.	Gironde.
Cassis saburon	Charente-Inférieure.
Cassidaria thyrrena..	Morbihan.
Nassa trifasciata	Gironde.
— *corniculum*	Basses-Pyrénées.
Fusus contrarius.	Charente-Inférieure.
Triton corrugatum.	Gironde.
Ranella gigantea	Id.
Purpura hœmastoma.	Finistère.
Murex Edwardsi.	Id.
Mangelia nuperrima.	Gironde.
— *elegans*	Id.
Diphyllidia pustulosa.	Id.
Aplysia fasciata	Morbihan.

Ces chiffres modifient les conclusions auxquelles j'étais arrivé dans la première partie du Catalogue. Je trouvais alors un nombre sensiblement égal de formes boréales et méditerranéennes; actuellement les formes méditerranéennes prédominent, elles sont par rapport aux formes boréales dans la proportion de 2 à 1 environ.

La raison de cette différence est, probablement, l'interruption de la continuité des rivages par la Manche, qui formerait une véritable barrière pour quelques espèces boréales. La continuité des plages de la Méditerranée, de celles de l'Espagne, du Portugal et du golfe de Gascogne explique l'extension des espèces méditerranéennes.

Un autre fait remarquable de distribution géographique consiste, dans l'absence d'espèces propres au golfe de Gascogne. Au contraire, les côtes d'Espagne et de Portugal, la Méditerranée présentent un certain nombre de formes localisées; je citerai : *Halia priamus* pour la région lusitanienne; *Corbula mediterranea*, *Scrobicularia Cottardi*, *Venerupis Lajonkairei*, *Cardium erinaceum*, *Pinna nobilis*, etc., pour la Méditerranée.

La comparaison de notre Faune aquitanique avec celle du nord de l'Espagne (y compris Vigo), telle qu'elle a été indiquée par M. Mac Andrew, ne présente pas de résultats satisfaisants. En effet, sur 217

espèces de cette région , 46 sont boréales et n'atteignent pas la Méditerranée ; 45 sont méditerranéennes et ne vivent pas dans les mers d'Angleterre. La proportion des formes boréales et méditerranéennes serait
par conséquent équivalente.

Or, si, dans la partie nord du golfe de Gascogne, les formes méditerranéennes sont prédominantes, à plus forte raison doivent-elles l'être au
sud du golfe, sur les côtes d'Espagne. Il faut donc réformer les conclusions de M. Mac Andrew, établies d'ailleurs sur des données insuffisan-
tes, puisqu'elles n'indiquent, au nord de l'Espagne, que 217 espèces.

TABLE DES MATIÈRES

ERRATA

Page 104. N° 186, à Habitat, *remplacer* celui indiqué par : Golfe de Gascogne
(de Folin).
110. 215, *id.* *ajouter* : Vit au Banc-Blanc (Lafont).
147. 240, *id.* *supprimer* : Arcachon (Gironde).

Bordeaux. — Impr. de F. Degréteau et Cie.

www.ingramcontent.com/pod-product-compliance
Ingram Content Group UK Ltd.
Pitfield, Milton Keynes, MK11 3LW, UK
UKHW020036100726
13658UKWH00003B/1365